Höchstdruckdampf

Eine Untersuchung über die wirtschaftlichen und technischen Aussichten der Erzeugung und Verwertung von Dampf sehr hoher Spannung in Großbetrieben

Von

Dr.-Ing. Friedrich Münzinger

Mit 120 Textabbildungen

Springer-Verlag Berlin Heidelberg GmbH
1924

Ursprünglich erschienen bei Dr. Friedrich Münzinger, Berlin 1924

ISBN 978-3-662-27123-0 ISBN 978-3-662-28606-7 (eBook)
DOI 10.1007/978-3-662-28606-7

Dem Andenken an

Baurat Wilhelm Schmidt

den bahnbrechenden Ingenieur und genialen Erfinder
auf dem Gebiete moderner Dampftechnik
in Ehrerbietung gewidmet

Vorwort.

Wenige technische Neuerungen haben die Aufmerksamkeit weitester Kreise in solchem Maße erregt wie die Einführung von Höchstdruckdampf. Außer durch das Ungewöhnliche, das die Meisterung der gewaltigen Kräfte bei Drücken von 50 bis 100 at allein in technischer Beziehung bietet, hat Höchstdruckdampf besonders dadurch so großes Interesse gefunden, daß er die wärmewirtschaftlichen Aussichten von Dampfkraftmaschinen, die durch Gasmaschine und Gasturbine bereits schwer bedroht waren, gleichsam mit einem Schlage in ungeahnter Weise verbesserte. Das Verdienst an dieser in ihrer ganzen Bedeutung heute noch nicht übersehbaren Umwälzung auf dem Gebiete der Wärmetechnik gebührt in erster Linie dem vor wenigen Tagen verstorbenen Baurat Wilhelm Schmidt in Cassel, der mit genialem Scharfblick und nie ermattender Ausdauer die erforderlichen Arbeiten begonnen und durchgeführt hat. Fast noch mehr als seine rein technische Leistung verdienen die Unvoreingenommenheit, das Selbstvertrauen und die Unbeirrbarkeit unsere Bewunderung, mit denen Schmidt allen Zweiflern und allen schwerwiegenden Bedenken zum Trotz seine Ideen durchführte. Der erzielte Fortschritt hätte vielleicht noch lange zum Reifen gebraucht, wenn Schmidt nicht neben dem bahnbrechenden Erfinder und Ingenieur auch ein so großer Charakter und vom Glauben an die Richtigkeit seiner Ideen nicht so völlig überzeugt gewesen wäre.

Wollte man allein nach der Zahl der im Bau oder Betriebe befindlichen Anlagen schließen, so könnte man den Eindruck gewinnen, als ob die Höchstdruckdampfsache seit dem Vortrag von Direktor Hartmann im Jahre 1921 kaum weiter gekommen sei. Tatsächlich wurde aber an zahlreichen Stellen wertvolle, wenn auch vielleicht vorwiegend theoretisch-projektierende Arbeit geleistet. Die ganze Angelegenheit ist daher m. E. in sich gekräftigter und entwickelter als gemeinhin angenommen wird.

Bei den zahlreichen Besprechungen und Unterhandlungen, die ich mit den verschiedensten in- und ausländischen Ingenieuren und Industriellen über Höchstdruckdampf zu führen Gelegenheit hatte, zeigte sich mir immer mehr, daß es hauptsächlich die große Verschiedenartigkeit und Vielseitigkeit der in Frage kommenden Gesichtspunkte und Zweige moderner Technik sind, ohne deren Kenntnis ein fruchtbares Weiterkommen kaum möglich ist. Beispielsweise muß nicht nur der Kesselbauer, sondern auch der projektierende Ingenieur oder der Betriebsmann weit mehr als bisher von den Eigenschaften der Werkstoffe kennen, und der Hüttenmann und der Kesselbauer wieder müssen sich besser mit der technischen und wirtschaftlichen Seite der Verwertung von Höchstdruckdampf vertraut machen, um zu wissen, was der eine vom anderen erwartet und verlangen muß. Ich habe daher im Herbst 1923 dem Verein deutscher Ingenieure vorgeschlagen, den ganzen Fragenkomplex zum Gegenstand einer besonderen Tagung zu machen und das Programm hierfür ausgearbeitet. Eine solche Tagung schien mir einen schnellen Fortschritt zu versprechen, weil sie die für die Mitarbeit in Betracht kommenden Kreise, Hüttenleute, Kesselbauer, Kraftmaschinenbauer, Betriebsleiter und Besitzer von Wärmekraftanlagen, beratende Ingenieure, Aufsichtsbehörden usw. in wenigen Stunden über die zahlreichen zu beachtenden Gesichtspunkte und Zusammenhänge unterrichtet und den die verschiedensten Zweige der Technik vertretenden Fachleuten Gelegenheit gibt, vor einem sachverständigen Forum Fragen zu klären, die sonst günstigstenfalls nur durch einen zeitraubenden und äußerst umständlichen Briefwechsel erledigt werden können.

Diese Tagung hat am 18. und 19. Januar 1924 in Berlin stattgefunden und war über Erwarten stark besucht.

Wenn ich es nun in diesem Buche unternehme, die Erzeugung und Verwertung von Höchstdruckdampf für Großbetriebe darzustellen und in technischer und wirtschaftlicher Beziehung zu untersuchen, so geschieht es hauptsächlich aus dem Bestreben heraus, einige wichtige, meines Wissens bisher nicht beachtete oder erkannte Zusammenhänge zu zeigen und zu verhindern, daß in Unkenntnis derselben unnütz Geld und Zeit verschwendet werden. Ich war daher bemüht, alle Untersuchungen mit ganz konkreten Schlußfolgerungen und Ratschlägen zu schließen, die durch gesperrten Druck oder durch seitliche Linien hervorgehoben sind. Ein erheblicher Teil des Buches mußte vorwiegend kritischer Natur sein. Der Leser darf aber von einer solchen für die Öffentlichkeit bestimmten Arbeit nicht erwarten, daß sie ähnlich wie ein Gutachten die Vorzüge und Nachteile der einzelnen im Bilde vorgeführten Konstruktionen bespricht. Dies verbietet sich ja schon aus ganz naheliegenden Gründen. Einzelkritik bestimmter Konstruktionen wird daher nur in grundsätzlich wichtigen Fällen, besonders bei neuartigen Arbeitsverfahren, gebracht. Im übrigen aber sind die kritischen Ausführungen tunlichst in allgemein gültige Form gekleidet, und es muß dem Leser überlassen bleiben, inwieweit er glaubt, sie auf die vorgeführten Konstruktionen anwenden zu sollen.

Um das Buch einem möglichst großen Leserkreise verständlich zu machen, habe ich überall eine recht einfache Darstellung zu geben versucht, selbst auf die Gefahr hin, in wissenschaftlicher Beziehung hier und da etwas zu populär oder nicht streng korrekt zu sein. Dies gilt besonders für die Besprechung der verschiedenen Kreisprozesse, die absichtlich recht elementar und ausführlich gehalten ist, um sie auch solchen Lesern, die mit dem Begriff „Entropie" nicht zu arbeiten gewöhnt sind, verständlich zu machen und ihnen die außerordentlichen Vorteile zu zeigen, die diese Größe auch dem reinen Praktiker bei Beurteilung wärmetechnischer Vorgänge bietet.

Aus ähnlichen Gründen wurden die hauptsächlichsten wärmetechnischen Eigenschaften von Wasserdampf in mehreren, für den täglichen Gebrauch geeigneten Schaubildern vorgeführt.

Zur Erleichterung des Verständnisses sind einige, manchen Lesern wohl weniger geläufige Begriffe am Schlusse des Buches in kurzer, elementarer Form erläutert, so z. B. Entropie, Kerbzähigkeit, Altern usw.

Der Begriff „Höchstdruckdampf" wurde insofern ziemlich weit gefaßt, als auch mehrere Kessel für Drucke von nur 30 bis 35 at vorgeführt werden. Dies geschah u. a. deshalb, weil dieses Druckgebiet zunächst das größte praktische Interesse haben dürfte. Unterlagen über ausländische Höchstdruckkessel standen mir leider nur in recht beschränktem Umfang zur Verfügung.

Ganz besonderer Wert wurde auf die wirtschaftliche und finanzielle Seite gelegt, und das Buch dürfte eines der wenigen technischen Lehrbücher sein, die den Einfluß einer Konstruktion auf die Kosten einer Maschine ausführlich behandeln. Schon der Studierende kann sich m. E. gar nicht früh genug mit diesem wichtigen Zusammenhang beschäftigen, ohne dessen verständnisvolle Beachtung erfolgreiche Ingenieurarbeit auf die Dauer unmöglich ist. So groß auch die Schwierigkeiten sein mögen, so wäre doch dringend zu wünschen, daß bereits auf den technischen Lehranstalten diese Seite der Ingenieurtätigkeit mehr als bisher gepflegt und der Studierende recht früh mit diesem unerbittlichen Faktor bei seinem Schaffen vertraut gemacht wird.

Im letzten Abschnitt wurde das Zweistoffverfahren des Amerikaners Emmet so eingehend behandelt, wie es nach den bisher bekanntgewordenen Mitteilungen geschehen konnte. Denn obgleich Emmet die sehr hohen Spannungen von Höchstdruckdampfanlagen gerade zu vermeiden sucht, so konnte an seinen Arbeiten hier doch nicht vorübergegangen werden, weil sie gleichfalls eine Verbesserung der bisherigen Arbeitsverfahren und eine Erniedrigung des Wärmeverbrauchs erstreben.

Auch in dieser Arbeit war ich bestrebt, mich möglichst kurz zu fassen und habe daher in noch stärkerem Umfang als in meinen Büchern

„Kohlenstaubfeuerungen für ortsfeste Dampfkessel“, „Leistungssteigerung von Großdampfkesseln“ und „Amerikanische und deutsche Großdampfkessel“ von ausführlichen Legenden am Fuße der Abbildungen Gebrauch gemacht.

Den Herren Dipl.-Ing. Boese und Oswald spreche ich für ihre fleißige Beihilfe bei Durchführuug einiger Rechnungen meinen besten Dank aus.

Zum Schlusse möchte ich außer dem Wunsche, daß das Buch die Einführung von Höchstdruckdampf recht wirkungsvoll fördern möge, noch der Hoffnung Ausdruck geben, daß die Zahl solcher Leser nicht allzu groß sein möge, die vergessen, daß eine retrospektive Betrachtung auch auf dem Gebiete der Technik im allgemeinen leichter ist als die Bildung eines eigenen Urteiles und die Angabe von Richtlinien und Ratschlägen am Anfang einer Entwicklung.

Berlin, im März 1924. Münzinger.

Inhaltsverzeichnis.

I. Einleitung.

Obgleich seit dem denkwürdigen Vortrag von Direktor Hartmann[1]) bald 3 Jahre vergangen sind, hat sich Höchstdruckdampf (unter dem Dampf von mehr als 25 bis 30 at Spannung verstanden werden möge) bisher nur in sehr bescheidenem und jedenfalls nicht in dem Ausmaße einzuführen vermocht, wie unter dem Eindruck jenes Vortrages wohl viele Ingenieure und vor allem technische Laien hoffen mochten. Die bisherige Entwicklung hat den sehr vereinzelten Stimmen recht gegeben, die jenes Mal die Kesselfrage als noch nicht genügend geklärt und noch viele harte Arbeit für die Schaffung wirtschaftlicher und betriebsbrauchbarer Höchstdruckkessel für erforderlich hielten[2]).

Trotzdem wäre es verkehrt, die außerordentliche Bedeutung der Arbeiten von Baurat Wilhelm Schmidt und den großen Nutzen des Hartmannschen Vortrages für die Einführung hoher Drucke zu verkennen. Insbesondere letzterer hat in erster Linie die ganze Frage aus dem engen Studierzimmer heraus in das helle Licht des technischen und wirtschaftlichen Wettbewerbes gerückt und zahlreichen Fachgenossen Anregung und Mut zur Mitarbeit auf diesem schwierigen, kaum erforschten Gebiete gegeben.

Wenn trotzdem bisher größere Anlagen nur für Drücke von 25 bis 35 at zur Ausführung oder zum Bau gelangten, so sind m. E. hieran außer der Geldknappheit und dem Risiko, das der Sprung auf die doppelte bis vierfache Dampfspannung bedeutet, besonders folgende Umstände schuld:

1. Die Unsicherheit, ob die bisherigen Festigkeitsberechnungen ausreichen;

2. die Erkenntnis, daß die üblichen Baustoffe nur mit Vorbehalt verwendet werden dürfen;

3. die völlige Unklarheit, welche Kesselbauart sich voraussichtlich als die geeignetste erweisen wird;

4. der Umstand, daß bisher kein einigermaßen verläßlicher Anhalt, geschweige denn eine exakte Untersuchung darüber besteht, wie groß

---

[1]) Hauptversammlung des Vereines deutscher Ingenieure 1921. Z. V. d. I. 1921, S. 663ff.

[2]) Z. V. d. I. 1921, S. 993.

der wirtschaftliche Vorteil von Höchstdruckdampf auf den verschiedensten Anwendungsgebieten ist.

Auf vorstehende 4 Punkte wird im einzelnen noch näher zurückgekommen, zunächst soll nur kurz gesagt werden, daß Punkt 4 an der Zurückhaltung der Verbraucher von Kraft und Wärme gegenüber der Einführung von Höchstdruckdampf wahrscheinlich die Hauptschuld trägt.

Nahezu sämtliche bisherige Abhandlungen über diesen Gegenstand untersuchen lediglich die wärmetechnische Seite. Industrielle oder Leiter großer Kraftwerke wollen aber wissen, wieviel sie alles in allem bei Höchstdruckbetrieb sparen können. Erst die Kenntnis der finanziellen Aussichten und der Betriebstüchtigkeit von Höchstdruckanlagen ermöglicht ihnen, zu beurteilen, ob sich das Risiko der Einführung sehr hoher Dampfspannungen lohnt. Die rein wärmetechnischen Zusammenhänge sind für sie nur ein Teil des Gesamtproblems, und oft nicht einmal der wichtigste. Mit aus diesen Gründen sind auch viele Unternehmer gegen gewisse „Sachverständige" so mißtrauisch geworden, die ihr Gutachten lediglich auf den Ergebnissen einseitiger wärmetechnischer Untersuchung oder Überlegungen aufbauen und sie oft unter Bedingungen anstellen, wie sie im praktischen Betriebe gar nicht vorhanden sind.

Vorliegende Arbeit prüft daher die Anwendung von Höchstdruckdampf sowohl nach der konstruktiven und betriebstechnischen als auch nach der wirtschaftlichen Seite und entwickelt zahlreiche wichtige Gesichtspunkte für Bau und Bemessung wirtschaftlicher, preiswerter und betriebssicherer Dampfkessel für sehr hohe Drücke.

Den weiteren Ausführungen möge aber der Vorbehalt vorausgeschickt werden, daß ihre Voraussetzungen und Folgerungen nicht als apokryph angesehen werden wollen. Hauptaufgabe dieser Arbeit soll vielmehr sein, die wirtschaftlichen und technischen Aussichten in großen Zügen zu zeigen und wenigstens die Richtung abzustecken, in welcher nach Ansicht des Verfassers weitergearbeitet werden sollte.

Vergegenwärtigt man sich, daß z. B. die vorteilhaftesten Herstellungsverfahren und die Wahl geeigneter Baustoffe bei Kesseln für 10 bis 20 at trotz einer Erfahrung von rund 25 Jahren noch nicht völlig geklärt sind, so wird die Berechtigung obigen Vorbehaltes auf dem fast gänzlich unbebauten Neuland des Höchstdruckdampfes keiner weiteren Begründung bedürfen. Um Einseitigkeiten zu vermeiden und den Untersuchungen möglichst allgemeine Gültigkeit zu geben, habe ich wiederholt verschiedene Voraussetzungen gemacht, in der Absicht, wenigstens eine untere und obere Grenze, zwischen denen das Ergebnis liegen muß, in solchen Fällen zu finden, wo auf Grund gegebener Verhältnisse ein eindeutiges Resultat nicht erwartet werden kann.

Es ist m. E. von größter praktischer Bedeutung, daß schon jetzt Kesselhersteller, Blechhersteller und Betriebsleute in innige Berührung miteinander kommen und möglichst frühzeitig zu verhindern suchen, daß sich „Erfinder und Projektemacher" dieses Neulandes bemächtigen zum Schaden der gesunden Weiterentwicklung. Es sollte von Anfang an verhindert werden, daß wieder wie bei Einführung der Steilrohrkessel eine Unzahl überflüssiger „Systeme" auftauchen, die nur bewirken, daß die Unzulänglichkeit und mangelnde Sachkenntnis ihrer Erfinder der Neuheit als solcher zugeschrieben und daß über ihre angeblichen Vorzüge die entscheidende Bedeutung sorgsamer Werkstättenausführung und gewissenhafter technischer Kleinarbeit übersehen werden.

Es soll daher schon hier hervorgehoben werden, daß bei Höchstdruckdampfkesseln die Wahl geeigneter Baustoffe und ihre sorgsamste Verarbeitung weit wichtiger sind als bei Kesseln bis 20 at. Sie haben geradezu entscheidende Bedeutung.

II. Thermische Grundlagen.

a) Die Eigenschaften von Wasserdampf.

Während das Verhalten von Wasserdampf bei den heute üblichen Drücken bis hinauf zu hoher Überhitzung genau bekannt ist, so daß in diesem Gebiete zuverlässige wärmetechnische Berechnungen möglich sind, herrscht von etwa 30 at an noch ziemliche Unsicherheit.

In Deutschland werden besonders die Tafeln von Stodola und von Schüle und seit neuestem die von Knoblauch, Raisch und Hausen stammenden Werte benutzt, die zum Teil erheblich voneinander abweichen. Bei der grundlegenden Bedeutung der wärmetechnischen Ausgangswerte für unsere Untersuchungen muß daher ihre Entstehung und ihre Zuverlässigkeit wenigstens in großen Zügen betrachtet werden.

Die Verdampfungswärme und das spezifische Volumen von Wasserdampf sind bis 10 at, die spezifische Wärme bis 30 at experimentell untersucht worden. Soweit Ergebnisse aus einem höheren Druckgebiet vorliegen, wird an ihnen u. a. ausgesetzt, daß sie infolge der besonderen Versuchsanordnung nicht genügend zuverlässig seien.

Die Werte von Stodola beruhen auf der älteren Versuchsreihe von Knoblauch und den Rechnungen von Eichelberg. Sie wurden auf Grund mathematisch-physikalischer Überlegungen bis zu 100 at extrapoliert. Auch Schüle geht von der älteren Untersuchung von Knoblauch aus, extrapoliert aber mehr auf graphischem Wege. Die neuesten Werte stammen von Knoblauch selber und sind in einer

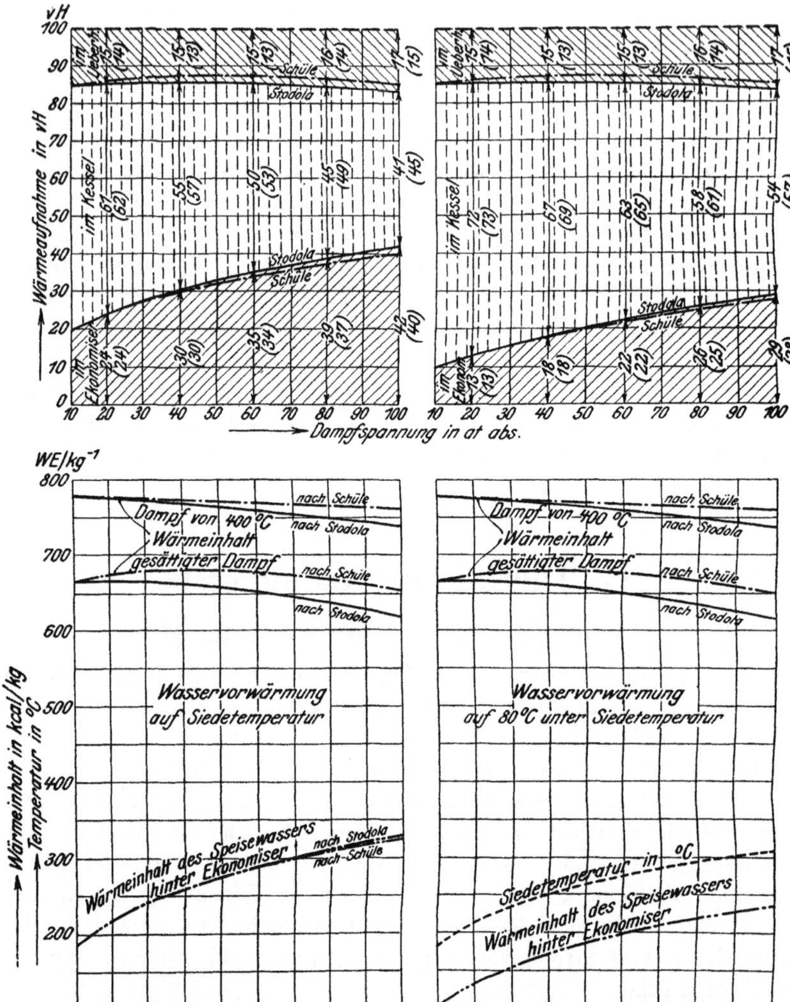

Abb. 1 u. 2. Wärmeinhalte und Verteilung der Wärmeaufnahme auf Ekonomiser, Kessel und Überhitzer für Drücke von 10 bis 100 at bei 35° C Speisewassertemperatur und 400° C Dampftemperatur.

Beachte: Die Erzeugungswärme nimmt mit steigendem Dampfdruck ab. — Der Ekonomiser nimmt mit steigendem Kesseldruck immer mehr, der Kessel immer weniger Wärme auf.

den Eichelbergschen Rechnungen ähnlichen Weise unter Benutzung der neuen Versuchsreihe von Knoblauch bis 60 at extrapoliert. Sie sind wohl die zuverlässigsten, reichen aber, wie gesagt, nur bis 60 at. Im übrigen handelt es sich bei diesen Extrapolationsverfahren um sehr verwickelte wärmetheoretische Fragen, und eine völlig sichere Antwort kann schließlich nur das bis zu den höchsten Drücken ausgedehnte Experiment geben.

Der Wärmeinhalt von 1 kg Dampf von 100 at und 400° C beträgt nach Stodola rund 740 kcal, nach Schüle rund 761 kcal, Abb. 1 u. 2. Bei 35° C Speisewassertemperatur weichen somit die Erzeugungswärmen um rund 3 v. H. voneinander ab. Je nachdem mit welchem Werte gerechnet wird, würde sich also bei Verwendung von Dampf von 400° C und 100 at ein bis zu 3 v. H. verschiedener Brennstoffverbrauch ergeben. Dieses Beispiel gibt aber insofern kein ganz vollständiges und richtiges Bild, als der Einfluß der verschiedenen Wärmeinhalte zum Teil dadurch wieder ausgeglichen wird, daß auch die adiabatischen Wärmegefälle zwischen zwei Dampfzuständen bei Benutzung der verschiedenen Tabellen voneinander abweichen, und zwar in einem Sinne, der den Einfluß des verschiedenen Wärmeinhaltes wieder großenteils aufhebt.

In Abb. 3 u. 4 ist für Frischdampfdrücke von 10 bis 100 at, für 350° C, 400° C und 450° C Dampftemperatur und 0,04 und 0,08 at Kondensatordruck der theoretische Dampfverbrauch von 1 kWh eingetragen, wie er sich bei Benutzung der Werte von Stodola, Schüle und Knoblauch ergibt. Rechnet man sich aber aus Abb. 3 u. 4 den theoretischen Wärmeverbrauch von 1 kWh aus, der letzten Endes entscheidend ist, so sind nach Abb. 5 u. 6 die Unterschiede weit kleiner, als man lediglich auf Grund von Abb. 1 u. 2 oder von Abb. 3 u. 4 annehmen würde.

Soweit nichts anderes angegeben ist, wurden ausschließlich die Werte von Stodola benutzt. Nur bei der Betrachtung des Benson-Prozesses wurde mit den Zahlen von Schüle gerechnet, da nur sie bis zum kritischen Drucke reichen. Wenngleich nach den vorausgegangenen Ausführungen eine wesentliche Verfälschung des Bildes vom Verhalten von Höchstdruckdampf durch die Unsicherheit der Ausgangswerte nicht zu erwarten ist, so tut man doch gut daran, sich bei allen folgenden Betrachtungen vor Augen zu halten, daß sie vielfach auf extrapolierten und nicht auf experimentell ermittelten Grundlagen beruhen.

In Abb. 7 ist das spezifische Volumen von Wasser und gesättigtem Dampf bis zum kritischen Druck eingetragen. Kurve *I* umfaßt das gesamte Gebiet von 0° C über den kritischen Druck hinaus bis herab zu Drücken von rund 6 at. Da das spezifische Volumen des Wassers im Vergleich zu demjenigen des Dampfes außerordentlich klein ist, geht sein Verhalten aus Kurve *I* nicht genügend klar hervor. Ihr erster Teil ist daher in Kurve *II* in 10 mal größerem, in Kurve *III* in 80 mal größerem Volumenmaßstab wiedergegeben. Die an die Kurven angeschriebenen Zahlen geben den Sättigungsdruck für die betreffende Temperatur an (in at/abs). Das spezifische Volumen des Wassers

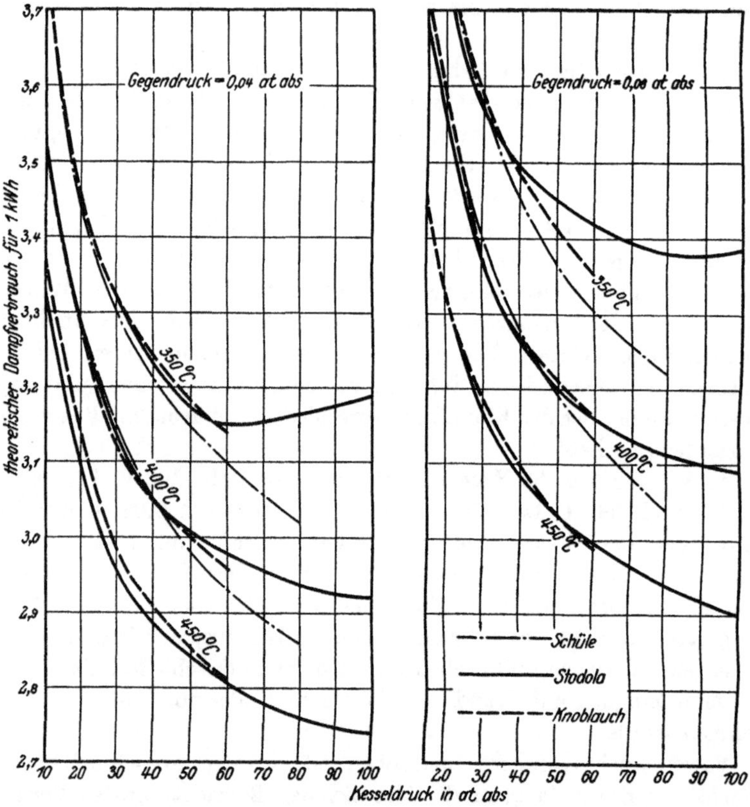

Abb. 3 u. 4. Theoretischer Dampfverbrauch von 1 kWh für Frischdampfdrücke von 10 bis 100 at; 350° C, 400° C, 450° C Dampftemperatur und 0,04 at abs und 0,08 at abs Kondensatordruck.

Beachte: Die nach Stodola, Schüle und Knoblauch ermittelten Werte weichen z. T. merklich voneinander ab.

wächst von etwa 50 at an rascher und nimmt zwischen 200 at und dem kritischen Druck mit der Temperatur sehr schnell zu. Beim kritischen Druck, d. h. bei 224,2 ata und 374° C, haben Wasser und gesättigter Dampf gleiches spezifisches Volumen, da das Wasser plötzlich als Ganzes in den dampfförmigen Zustand übergeht. Die Verdampfungswärme ist also hier gleich Null. Von etwa 150 at an steigern wenige ° C den Druck sehr erheblich. Abb. 8 u. 9 enthält zur Erleichterung von

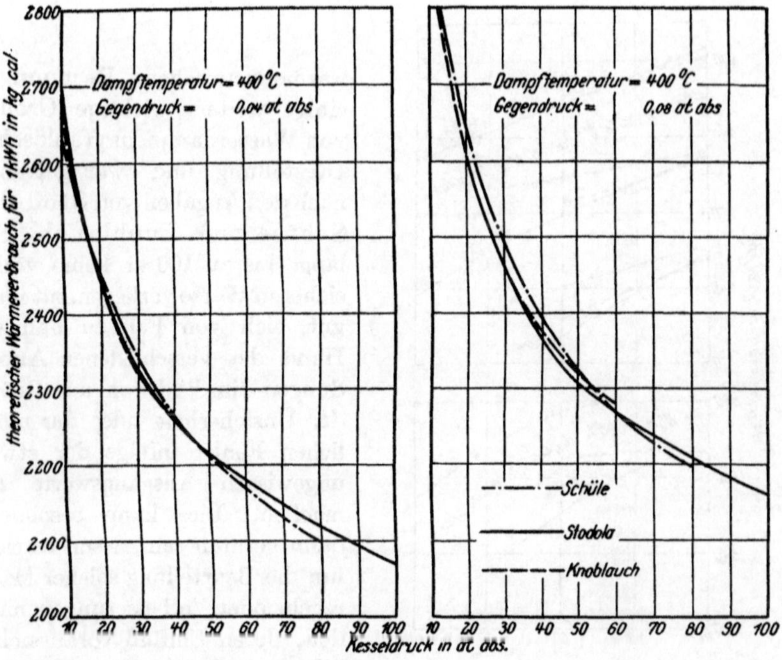

Abb. 5 u. 6. **Theoretischer Wärmeverbrauch von 1 kWh für Frischdampfdrücke von 10 bis 100 at, 400° C Dampftemperatur (die für die weiteren Rechnungen benutzte Frischdampftemperatur) und 0,04 at abs und 0,08 at abs Kondensatordruck. Beachte:** Im Gegensatz zu Abb. 3 u. 4 stimmen hier die verschiedenen Werte befriedigend miteinander überein.

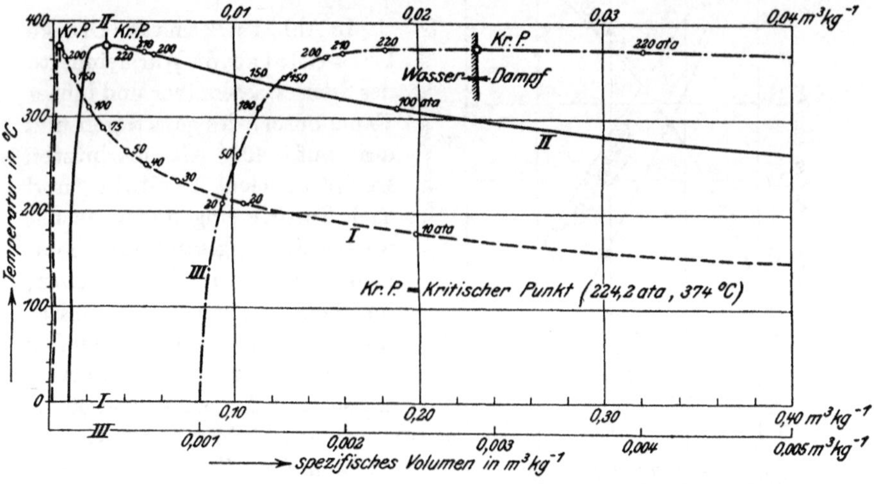

Abb. 7. Spezifisches Volumen von Wasser von 0° C bis 374° C und von gesättigtem Wasserdampf von 10 at bis 224,2 at abs.
Die Zahlen an den Kurven bedeuten den Sättigungsdruck in at abs.
Beachte: Starke Zunahme des spezifischen Volumens von Wasser von etwa 250° C an und sehr starke Zunahme von etwa 340° C an.

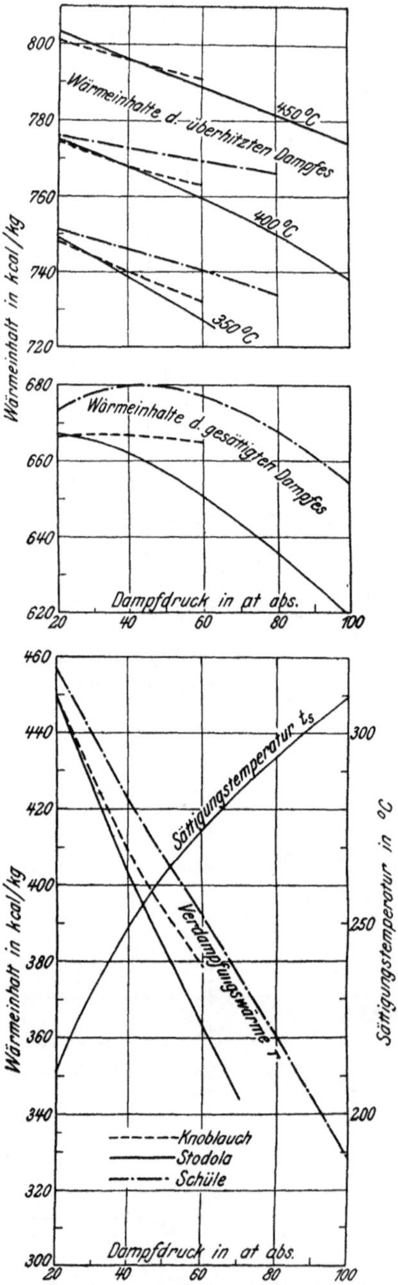

Abb. 8 u. 9. Einige kennzeichnende Zustandsgrößen von Wasserdampf von 20 at bis 100 at nach den Angaben von Stodola, von Schüle und von Knoblauch.

wärmetechnischen Rechnungen einige weitere wichtige Größen von Wasserdampf in graphischer Darstellung, und zwar getrennt nach den Angaben von Stodola, Schüle und Knoblauch. Solange bis zu 100 at keine völlig sicheren Werte vorliegen, tut man gut, sich von Fall zu Fall an Hand der verschiedenen Abbildungen ein Bild von der Größe der Unsicherheit oder der möglichen Fehler infolge der etwas ungewissen Ausgangswerte zu machen. Dies kann besonders dann geraten sein, wenn es sich um die Beurteilung solcher Maßregeln oder Verbesserungen handelt, deren Einfluß voraussichtlich nur verhältnismäßig klein ist.

b) Berechnung der Heizflächen von Kessel, Überhitzer und Ekonomiser.

In Abb. 1 u. 2 sind für Drücke bis zu 100 at abs die Wärmeinhalte des Speisewassers (vor und hinter Ekonomiser), des gesättigten und des auf 400° C überhitzten Dampfes nach Stodola und nach Schüle eingetragen, ferner wieviel der insgesamt aufgenommenen Wärme im Kessel selbst, im Überhitzer und im Ekonomiser übertragen werden muß unter der Voraussetzung, daß das Speisewasser im Ekonomiser von 35° C

a) auf Siedetemperatur,

b) auf 80° C unter dem Siedepunkt erhitzt wird.

Die eingeklammerten Zahlen im oberen Teil von Abb. 1 u. 2 geben die nach Schüle, die darüberstehenden die nach Stodola ermittelten Verhältnisanteile an der Wärmeübertragung an. Insbesondere die vom Überhitzer aufgenommene Wärme fällt recht verschieden aus, je nachdem, mit welchen Werten gerechnet wird. Man sollte daher, bis praktische Erfahrungen vorliegen, bei sehr hohen Drücken die Überhitzer reichlich bemessen, um die gewünschte Überhitzung sicher zu erreichen.

Bei Drücken von 10 bis 20 at wird der Einfluß des Kesseldruckes bei der Bemessung der verschiedenen Heizflächen meist nicht berücksichtigt, obgleich sie tatsächlich verschiedene Wärmemengen aufnehmen müssen, je nachdem, ob er hoch oder nieder ist. Die hierdurch verursachte Ungenauigkeit ist aber im Vergleich zu den anderen Unsicherheiten bei Berechnung von Heizflächen so geringfügig, daß sie ruhig vernachlässigt werden darf. Abb. 1 u. 2 zeigen, daß bei hohen Drücken der Ekonomiser immer mehr, der Kessel immer weniger Wärme aufzunehmen hat; Ähnliches gilt, wenn auch nicht in so hohem Maße, vom Überhitzer. Die Unterschiede sind so beträchtlich, daß sie bei der Heizflächenbemessung nicht mehr außer acht gelassen werden dürfen, um so weniger, da mit zunehmendem Kesseldruck unter sonst gleichen Verhältnissen auch das Temperaturgefälle zwischen Rauchgasen und Heizflächenwandungen abnimmt (mit Ausnahme des Ekonomisers).

Da der Wärmeinhalt von 1 kg Dampf von 400° C Temperatur, die für fast alle folgenden Berechnungen als Frischdampftemperatur gewählt wurde, mit zunehmendem Dampfdruck abnimmt, ist es nicht zweckmäßig, beim Vergleich zweier Kessel für stark verschiedene Drücke von derselben Kesselheizfläche oder derselben stündlichen Dampferzeugung auszugehen. Man bekommt einen richtigeren Vergleichsmaßstab, wenn man dieselbe Rostfläche zugrunde legt und zunächst errechnet, wie groß die Heizflächen von Kessel, Überhitzer und Ekonomiser für verschiedene Drücke ausfallen, wenn in sämtlichen Fällen Fläche und Belastung des Rostes und Gesamtwirkungsgrad von Kessel, Überhitzer und Ekonomiser gleich bleiben. Dieser Berechnungsgang ist auch deshalb vorzuziehen, weil bei verschiedenem Druck die verhältnismäßige Größe von Kesselheizfläche: Überhitzerheizfläche: Ekonomiserheizfläche, und damit der Preis eines vollständigen Kesselsatzes, anders werden. Geht man aber bei allen Dampfdrücken von derselben Rostfläche und Rostleistung und demselben Wirkungsgrad aus, so sind alle diese Einflüsse berücksichtigt.

Wie ich an anderer Stelle gezeigt habe, sind unsere Kenntnisse von Wärmeübergang in Kesselheizflächen sehr mangelhaft[1]). Es liegen zwar zahlreiche Messungen der Rauchgastemperaturen an verschiedenen

[1]) Münzinger: Leistungssteigerung S. 157. — Ders.: Amerikanische Dampfkessel S. 169/70.

Stellen der Heizfläche, vor und die aus ihnen abgeleiteten Rechnungen machen auf den, der die Verhältnisse nicht genau kennt, zum Teil einen sehr zuverlässigen Eindruck. Da aber m. W. bei keiner dieser Untersuchungen der bei höheren Temperaturen sehr beträchtliche Einfluß der Abstrahlung der Thermometer nach der kalten Heizfläche durch geeignete Ausbildung und Anordnung der Thermometer ausgeschaltet wurde, sind die Messungen unsicher und für die Feststellung gesetzmäßiger Zusammenhänge wenig geeignet. Tatsächlich werden die Heizflächen von Kessel, Überhitzer und Ekonomiser mehr durch Probieren als durch Rechnung festgelegt, bzw. wird auf Grund der an ausgeführten Anlagen gewonnenen Erfahrungen überschlägig „berechnet", wie groß die Heizflächen in einem anderen Fall ungefähr gemacht werden müssen. Da nach Abb. 1 u. 2 die Wärmeverteilung auf Ekonomiser und Kessel bei sehr hohen Drücken eine ganz andere ist als bei 10 bis 20 at, und da auch die mittleren Temperaturunterschiede zwischen Rauchgasen und Wasser sich erheblich verschieben, wird sich das Fehlen zuverlässiger Grundlagen beim Bau von Höchstdruckkesseln noch in recht störender Weise zeigen, weshalb auch hier nochmals auf den außerordentlichen praktischen Wert entsprechender Untersuchungen hingewiesen werden möge.

Es handelte sich nun darum, zu ermitteln, wie sich Größe und Verteilung der Heizflächen von Kessel, Überhitzer und Ekonomiser bei höheren Drücken ändern. Als Ausgangspunkt dienten die Abmessungen eines bewährten Steilrohrkessels von 20 at. Wie mehrfach im weiteren Verlauf dieser Arbeit, wurde auch hier angestrebt, die Berechnungen so durchzuführen, daß sie tunlichst allgemein verwertet werden können, indem Zufälligkeiten bei Festsetzung der Ausgangswerte nach Möglichkeit vermieden wurden. Beispielsweise werden Überhitzer, Kessel und Ekonomiser andere Abmessungen erhalten, je nach der Lage des Überhitzers, nach der Zahl und Anordnung der Kesselzüge usw. Auf die Gesamtheizfläche hat endlich die Wärmedurchgangszahl des Ekonomisers insofern großen Einfluß, als bei sehr hohen Drücken der Ekonomiser weit mehr Wärme als bei 15 bis 20 at aufnehmen muß.

Es wurden daher für den 20-at-Kessel die Wärmedurchgangszahlen für die Vor- und Nachheizfläche des Kessels und den Überhitzer ausgerechnet unter der Annahme, daß die Eintrittstemperatur der Rauchgase in den Überhitzer betrage

a) $= 850°$ C (Kurve *2* und *3* in Abb. 10),

b) $= 925°$ C (Kurve *1* und *4* in Abb. 10).

Dann wurde unter der weiteren Voraussetzung, daß die Wärmedurchgangszahlen dieselben bleiben, errechnet, wie groß für dieselbe Kohlenmenge, denselben Wirkungsgrad und dieselbe Speisewassertemperatur (35° C) die verschiedenen Heizflächenteile bei anderen Drücken ausfallen, wenn die Temperaturen am Beginn und am Ende der Kesselheizfläche dieselben bleiben. Die Annahme unveränderter Wärmedurchgangszahlen ist nicht völlig korrekt, genügt aber für unsere Zwecke und ist vor allem einfach und übersichtlich. Selbstverständlich wurde die Änderung des mittleren Temperaturunterschiedes in den einzelnen Heizflächenteilen und der in ihnen aufgenommenen Wärmemengen bei zunehmendem Drucke berücksichtigt.

Endlich wurde auf ganz ähnliche Weise ermittelt, wie sich die Ekonomiserheizfläche bei gleicher Austrittstemperatur der Rauchgase und bei einer Wassererwärmung auf 80° C unter Sättigungstemperatur mit dem Druck ändert, wenn sie bei dem 20-at-Kessel 70 v. H. bzw. 85 v. H. der Kesselheizfläche beträgt, Kurven *5* und *6* in Abb. 10. Die Kurven in Abb. 10 stellen also Grenzkurven dar, zwischen denen für die verschiedensten Fälle die gesuchten Werte im allgemeinen etwa liegen. Die Kesselheizfläche bei 20 at wurde in Abb. 10 gleich 100 m² gesetzt, Punkt *A*. Beträgt also z. B. bei einem 20-at-Kessel die Kesselheizfläche 100 m², die Überhitzerheizfläche 29,5 m² und die Ekonomiserheizfläche 70 m², so sind die entsprechenden Werte bei 100 at und derselben Dampftemperatur (400° C) etwa

Heizfläche des Kessels . .	42 bis 57,5 m²
Heizfläche des Überhitzers	34,5 bis 33 m²
Heizfläche d. Ekonomisers	122 m²

Hatte der Ekonomiser bei 20 at aber 85 m², so müßte bei 100 at

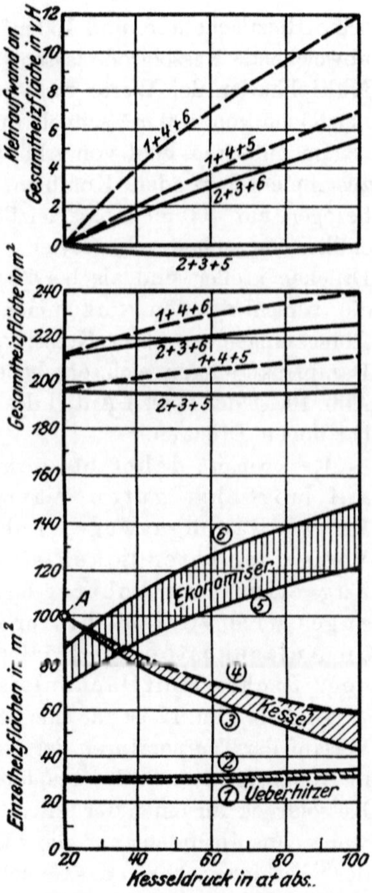

Abb. 10. Verhältnismäßige Größen der Heizflächen von Ekonomiser, Kessel und Überhitzer bei Dampferzeugern derselben Rostgröße und Rostbelastung und desselben Gesamtwirkungsgrades. Ausgangspunkt ist ein Kessel von 20 at, dessen Kesselheizfläche = 100 m² gesetzt wurde (Punkt *A*). Kurve *2* und *3* gelten, wenn bei dem 20-at-Kessel die Rauchgastemperatur vor Überhitzer 850° C, Kurve *1* und *4*, wenn sie 925° C beträgt.
Kurve *5* gilt, wenn beim 20-at-Kessel die Ekonomiserheizfläche 70 v. H, Kurve *6*, wenn sie 85 v. H. der Kesselheizfläche beträgt.
Beachte: Sehr starke Zunahme der Ekonomiserheizfläche und starke Abnahme der Kesselheizfläche mit steigendem Kesseldruck.

seine Heizfläche auf rund 150 m² erhöht werden. Für eine von 100 m² abweichende Kesselgröße lassen sich die zugehörigen Heizflächen durch Multiplikation der Werte von Abb. 10 mit dem Vielfachen der Kesselheizfläche von 100 m² schnell finden.

Im mittleren Feld von Abb. 10 sind die Gesamtheizflächen für die zusammengehörenden Kombinationen eingetragen, und zwar wieder bezogen auf 100 m² Kesselheizfläche bei 20 at. Im obersten Feld ist endlich angegeben, um wieviel v. H. die Gesamtheizflächen bei höheren Drücken größer sind als bei 20 at. An Hand von Abb. 10 ist es für die verschiedensten vorkommenden Fälle schnell möglich, von den Abmessungen erprobter Kessel von normalem Druck auf die bei hohen Dampfspannungen sich ergebenden zu schließen. Bemerkenswert in Abb. 10 ist der starke Anteil des Ekonomisers an der Gesamtheizfläche bei hohen Drücken.

Es kommt daher bei hohen Dampfspannungen sehr viel auf möglichst guten Wärmeübergang im Ekonomiser an. Lange Rauchgaswege, hohe Rauchgasgeschwindigkeiten, Vermeiden toter Ecken sind anzustreben. Selbst größerer Zugverlust bzw. höherer Kraftbedarf des künstlichen Saugzuges wird vielfach hinter die Bedeutung der Ersparnisse an Anlagekosten bei Höchstdruckekonomisern von großer spezifischer Heizflächenleistung zurücktreten.

In Abb. 11 u. 12 ist für eine bestimmte Rostleistung der theoretische Verlauf der Temperaturen der Rauchgase und von Wasser und Dampf in Abhängigkeit von der bespülten Heizfläche für 20 at und für 100 at Kesseldruck für einen der untersuchten Fälle aufgezeichnet. Für 100 at wurde aus Gründen, auf die hier einzugehen zu weit führen würde, der Überhitzer mehr in das Gebiet höherer Temperaturen gelegt. Abb. 11 u. 12 zeigen das mit zunehmendem Druck abnehmende Temperaturgefälle zwischen Wärmeträger (Rauchgase) und Wärmeaufnehmer (Wasser).

Abb. 13 zeigt den Temperaturverlauf noch für den Fall, daß der Kessel wie in Abb. 12 Dampf von 100 at und 400° C erzeugt, daß aber dieser Dampf nach seinem Expandieren auf 15 at von neuem in einem in denselben Kessel eingebauten Überhitzer auf 350° C erhitzt wird, Abb. 45. Mit dieser Temperatur strömt er in den Niederdruckteil der Turbine, wo er von 15 at vollends auf Kondensatordruck expandiert. Auf diesen Fall wird später näher zurückgekommen, hier handelt es sich nur darum, zu zeigen, welchen Einfluß der Einbau eines Zwischenüberhitzers auf die Bemessung der verschiedenen Heizflächenteile hat. Der Überhitzer wurde noch mehr als in Abb. 12 nach dem Gebiete hoher Temperaturen verlegt. Nach Abb. 12 u. 13 ändert sich die Gesamtheizfläche unter den gewählten Voraussetzungen nur wenig.

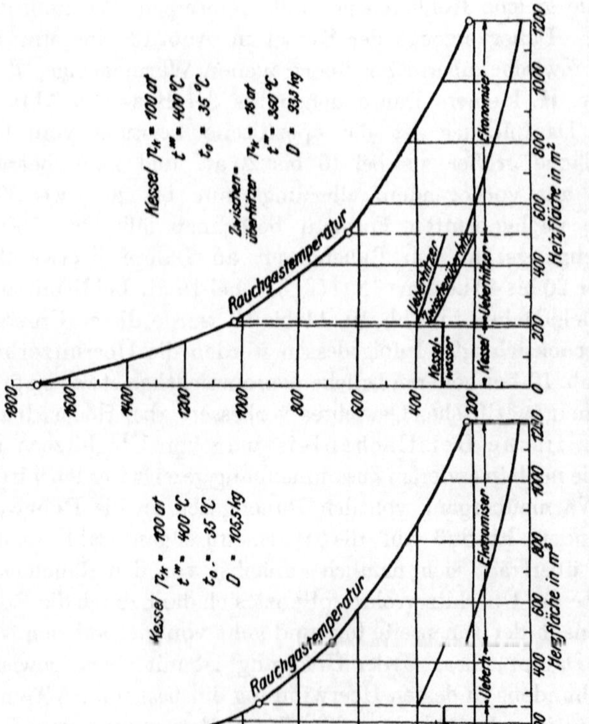

Abb. 11 bis 13. Theoretischer Verlauf der Rauchgas-, der Wasser- und der Dampftemperaturen bei Kesseln von gleicher Rostgröße und Rostbelastung und gleichem Wirkungsgrad bei 20-at- und 100-at-Kesseln ohne und einem 100-at-Kessel mit Zwischenüberhitzer.

Beachte: Merklicher Unterschied der mittleren Temperaturgefälle auf den einzelnen Heizflächenteilen. Unterschied der verhältnismäßigen Dampferzeugung D bei den 3 Fällen $D = 100:105{,}5:93{,}3$). Gesamtheizfläche in allen 3 Fällen ungefähr gleich groß.

Der Schluß, Zwischenüberhitzung sei auf den erforderlichen Materialaufwand und damit die Kesselkosten fast ohne Einfluß, wäre aber falsch, denn die Berechnung wurde ja unter der Voraussetzung durchgeführt, daß die gleiche Kohlenmenge mit demselben Wirkungsgrad verbrannt wird. Daher erzeugt der Kessel in Abb. 13 eine um den Betrag der im Zwischenüberhitzer übertragenen Wärmemenge, d. h. um rund 11,5 v. H. kleinere Dampfmenge als der Kessel in Abb. 12.

Bei hohem Dampfdruck ist die spezifische Leistung von 1 m^2 Überhitzerheizfläche größer als bei 10 bis 20 at, und zwar beträgt, soweit es sich aus vorliegenden, allerdings nur bis zu etwa 20 at durch Versuche nachgeprüften Formeln berechnen läßt, bei 100 at die Wärmedurchgangszahl von Rauchgasen an Dampf *k* etwa 20,5 bis 43 gegenüber 20 bis 40 kcal $m^{-2} h^{-1} (°C)^{-1}$ bei 15 at. Bei Ermittlung der Überhitzerheizflächen in Abb. 10, 11 bis 13 wurde dieser Umstand jedoch nicht berücksichtigt. Infolgedessen werden die Überhitzerheizflächen nach Abb. 10 bei höheren Drücken voraussichtlich etwas zu groß. Trotz seines hohen spezifischen Gewichtes verbessert aber Höchstdruckdampf die spezifische Heizflächenleistung von Überhitzern nur wenig, weil — wie noch in anderem Zusammenhang gezeigt werden wird — der schlechte Wärmeübergang von den Rauchgasen an die Rohrwand einen überragenden Einfluß auf die Wärmedurchgangszahl ausübt.

Die Wärme überträgt sich nämlich zunächst von den Rauchgasen an die Außenseite der Überhitzerrohre, pflanzt sich dann durch die Rohrwand hindurch nach der Innenseite fort und geht von hier auf den vorbeiströmenden Dampf über. Jeder Übergang ist mit einem gewissen Widerstand verbunden, zu dessen Überwindung ein bestimmtes Temperaturgefälle nötig ist. Je schlechter die Wärmeübertragung von Rohr an Dampf ist, um so höher ist die mittlere Rohrtemperatur gegenüber der Dampftemperatur und um so schneller verbrennt das Rohr. Bei Dampf von sehr hoher Spannung ist nun infolge seiner größeren spezifischen Dichte die Wärmeübertragung von Wandung an Dampf weit besser als bei 10 bis 20 at. Die Verhältnisse sind, wie gesagt, lediglich bis 20 at experimentell festgestellt[1]). Abb. 14 u. 15 zeigen für Dampf von 400° C für 15 at und für 100 at den Temperaturverlauf zwischen rauchgasberührter Rohrseite und dem auf 400° C überhitzten Dampf. Bei 15 at konnte er mit genügender Sicherheit durch einen einzigen Linienzug angegeben werden, bei 100 at mußten 2 Linienzüge eingezeichnet werden, zwischen denen der tatsächliche Verlauf wahrscheinlich liegen wird. Die Untersuchung wurde für zwei Fälle durchgeführt:

a) für einen direkter Bestrahlung durch das Feuer ausgesetzten Überhitzer, d. h. für eine Wärmeübertragung von 100 000 kcal $h^{-1} m^{-2}$ und eine Rauchgastemperatur von 1400° C, Abb. 14;

b) für einen Überhitzer, der im wesentlichen nur durch Berührung Wärme aufnimmt mit einer Wärmedurchgangszahl von 40 kcal $m^{-2} h^{1}$ $(°C)^{-1}$ und 1000° C Rauchgastemperatur, Abb. 15.

[1]) Hütte, 24. Auflage, S. 459.

Obgleich in je zwei zueinander gehörenden Fällen das Temperaturgefälle zwischen Rauchgasen und Dampf etwa dasselbe bleibt, ist die Rohrwand bei 100 at erheblich kühler als bei 15 at. Sehr hoher Druck wirkt also gewissermaßen kühlend auf die Überhitzerschlangen und ist in dieser Beziehung ihrer Lebensdauer günstig. Die hohe mechanische Beanspruchung von Überhitzerschlangen bei Höchstdruckdampf wird daher voraussichtlich durch ihre bessere Kühlung wieder auf-

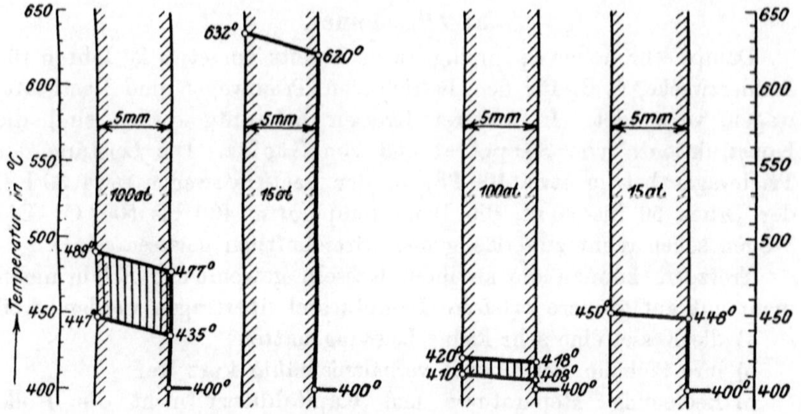

Abb. 14 u. 15. Vergleich des Temperaturverlaufes in 5 mm dicken Überhitzerrohrschlangen bei 400° C Dampftemperatur und Dampfdrücken von 100 at und von 15 at.
Abb. 14 zeigt die Verhältnisse bei Überhitzern, die starker Wärmeaufnahme durch Strahlung ausgesetzt sind und im Gebiete hoher Rauchgastemperaturen liegen. Bei Abb. 15 erfolgt die Wärmeaufnahme überwiegend durch Berührung bei mäßigen Rauchgastemperaturen. (Die Rohrtemperaturen bei Höchstdruckdampf liegen innerhalb der senkrecht schraffierten Flächen.)
Beachte: Dampf sehr hoher Spannung „kühlt“ die Überhitzerschlangen viel besser als Dampf von niedrigem Druck. Bei Höchstdruckdampf sind daher höhere Dampftemperaturen zulässig.

gehoben, und Dampftemperaturen von 400 bis 450 °C dürften bei richtig gebauten und bemessenen Höchstdruck-Überhitzern ohne nachteiligen Einfluß sein.

Über Drücke von 100 at hinaus wurden die Untersuchungen mit Ausnahme des Benson-Prozesses nicht ausgedehnt, weil die wärmetechnischen Grundlagen zu unsicher sind und weil — wenigstens soweit sich dies heute beurteilen läßt — die baulichen Schwierigkeiten vielfach größer als die erreichbaren wirtschaftlichen Vorteile werden.

Die folgenden Abschnitte dürften zeigen, daß Großkraft- und Wärmebetriebe für Drücke von 30 bis etwa 70 at kein fernes Zukunftsbild mehr sind, sondern das lebhafteste praktische Interesse verdienen. Damit die Ingenieure die ihrer harrenden großen Aufgaben lösen und auf soliden

Grundlagen bauen können, sollten aber schnellstens Mittel zur Erforschung des Verhaltens von Wasserdampf im Höchstdruckgebiet zur Verfügung gestellt werden.

III. Erzeugung und Transport von Höchstdruckdampf.

a) Allgemeines.

Dampf sehr hoher Spannung wurde bereits vor etwa 20 Jahren für Sonderzwecke, z. B. für den Betrieb von Triebwagen und Lastkraftwagen, verwendet. In weiteren Kreisen bekanntgeworden sind die Konstruktionen von Serpollet und von Stoltz. Die Leistung der Triebwagen betrug etwa 100 PS, die der Lastkraftwagen etwa 30 PS, der Druck 50 bis 60 at, die Dampftemperatur 400 bis 500° C. Die Wagen sollen recht zuverlässig und wirtschaftlich gewesen sein[1]).

Trotzdem können die an ihren Kesseln gewonnenen Erfahrungen nicht gut auf größere ortsfeste Dampfkessel übertragen werden, weil

a) die Kessel eine sehr kleine Leistung hatten;

b) ihre tägliche Betriebszeit verhältnismäßig kurz war;

c) Bedienung, Reparaturen und Kapitaldienst nicht die Rolle spielten wie bei großen ortsfesten Kesseln;

d) die Beheizung vorwiegend mit flüssigen Brennstoffen erfolgte, wodurch der Konstrukteur in der Anordnung und Bemessung der Kessel wesentlich freier war als bei Beheizung mittels großer Roste.

Die Konstruktionselemente jener Kessel sind daher für ortsfeste Dampfkessel voraussichtlich ungeeignet, und es ist zu prüfen, ob und auf welche von der üblichen abweichenden Weise Höchstdruckdampf im großen erzeugt werden kann. Bei Verwendung der normalen Kesselbauarten für Drücke von mehr als 25 bis 30 at werden, wie noch gezeigt wird, die Anlagekosten sehr hoch, besonders wenn der Wasserinhalt der Kessel einigermaßen auskömmlich sein soll. Trotzdem dürfte, soweit sich dies zur Zeit übersehen läßt, die nächste Entwicklung versuchen, Steilrohrkessel und Sektionalkessel von normalem Aufbau den besonderen Bedingungen von Höchstdruckdampf anzupassen und durch geeignete Formgebung und Bemessung die Herstellungskosten möglichst zu verringern.

Sieht man aber von den „normalen" Kesseln ab, so erwecken besonders der Atmos-Kessel, der Benson-Kessel und die Vorschläge von Dr. Ruths durch ihre Neuartigkeit Interesse. Sie sollen daher, soweit es die zur Zeit bekannten Unterlagen gestatten, in großen Zügen miteinander verglichen und auf ihre Brauchbarkeit untersucht werden.

---

[1]) Z. d. V. d. I. 1921, S. 993.

b) Atmos-Kessel.

Von „normalen“ Dampfkesseln weicht der vom schwedischen Ingenieur **Blomquist** konstruierte Atmos-Kessel wohl am meisten ab. Er besteht aus einzelnen wagerechten Rohren von 200 bis 350 mm Durchmesser, Abb. 16. Diese Rohre sind nur zum Teil mit Wasser gefüllt und drehen sich mit etwa 300 minutlichen Umdrehungen um ihre Achse. Dadurch wird das Wasser konzentrisch an die Rohrwand gepreßt und Dampfblasen werden sofort bei ihrem Entstehen nach dem Innern des Wassermantels gedrückt. Obgleich also der Kessel keinen Wasserumlauf hat, wird die Rohrwand doch kräftig gekühlt, weil sich keine Dampfblasen festsetzen können. Da ferner der gesamte Rohrumfang gleichmäßig der Hitze ausgesetzt ist, können die Rohre unter sonst gleichen Verhältnissen offenbar höher belastet werden als die einseitig beheizten Wasserrohre „normaler“ Kessel. Auch dürften die Unterschiede in der Materialbeanspruchung der inneren und äußeren Rohrschicht und damit die zusätzlichen

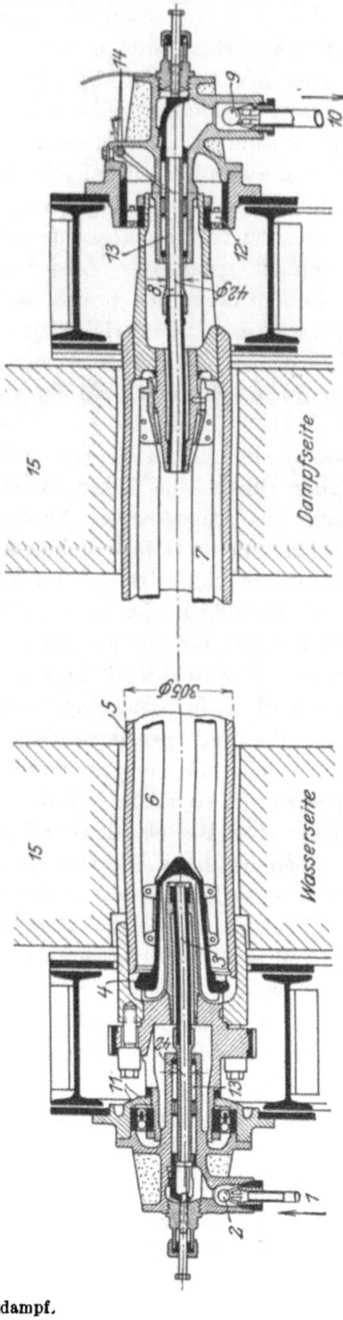

Abb. 16. Rotor des Atmos-Kessels der Sudenburger Maschinenfabrik in Magdeburg-Sudenburg.

1 = Speisewassereintritt, *2* = Rückschlagventil (sperrt den Rotor bei einer größeren Undichtheit selbsttätig vom Dampfnetz ab), *3* = Zufuhr des Speisewassers in den Rotor, *4* = Zentrifugier- und Verteilkörper, *5* = Rohr des Rotors, *6* = Mitnehmerschaufeln, *7* = *6*, *8* = Abfuhr des Dampfes, *9* = *2*, *10* = zum Überhitzer, *11* = Kugellager (festes Lager), *12* = Rollenlager (verschiebbares Lager), *13* = Stopfbüchse, *14* = Ausdehnungsanzeiger für Rotorrohr, *15* = Kesseleinmauerung.

Beachte: Vermeiden von Teilen von großem Durchmesser. „Wasserumlauf“ fehlt. Statt seiner wird Wasserring von 30 bis 50 mm Dicke durch Zentrifugalkraft an Rotorrohr angepreßt.

Wärmespannungen bei gleicher Wandstärke voraussichtlich geringer werden. Infolge der im Vergleich zu Rohren von 50 bis 100 mm Wandstärke drei- bis viermal größeren Wandstärke der Rotoren wird freilich im allgemeinen das Gegenteil eintreten und mit nicht zu vernachlässigenden zusätzlichen Beanspruchungen zu rechnen sein[1]).

An sich hat aber der Atmos-Kessel keine besondere Eigenheit, die bei gleicher Rauchgastemperatur eine höhere spezifische Heizflächenbelastung als bei normalen Dampfkesseln in Aussicht stellen würde. Die Leistung der vordersten Kesselheizfläche hängt nämlich fast nur von der Temperatur im Feuerraum und der Lage der Heizfläche zum Rost ab. Die Höhe der Feuerraumtemperatur ist begrenzt, und zwar im Gegensatz zu vielfach geäußerten Ansichten weniger durch Rücksichten auf die Lebensdauer der Rohre als auf die Haltbarkeit des feuerfesten Mauerwerkes. Die Erfahrung hat gelehrt, daß unsere heutigen feuerfesten, für Dampfkessel geeigneten Baustoffe auf die Dauer eine Temperatur von mehr als 1500 bis 1550° C nicht vertragen. Die hohen spezifischen Baukosten der Rotoren des Atmos-Kessels zwingen aber dazu, sie nur im Bereich hoher Temperaturen zu verwenden, und daher rühren die hohen Werte, die für die spezifische Heizflächenleistung des Atmos-Kessels zuweilen genannt werden. Sie gelten aber natürlich nur im Gebiete hoher Rauchgastemperaturen. In demselben Temperaturbereich leistet aber 1 m^2 Rotoren-Heizfläche etwa dasselbe wie 1 m^2 Heizfläche der ersten Wasserrohrreihen normaler Wasserrohrkessel, nämlich Beträge von 200 bis 400 $kg\,m^{-2}h^{-1}$ Dampf[2]).

Die Kenntnisse selbst tüchtiger Ingenieure von diesen einfachen Zusammenhängen sind noch immer recht schlecht. Es soll daher hier grundsätzlich folgendes kurz gesagt werden:

Die spezifische Höchstbelastung der vordersten Heizfläche ist unter gleichen Verhältnissen um so höher, je höher die Feuerraumtemperatur ist. Das Kennzeichen eines Kessels mit günstigen Strahlungsverhältnissen sind aber nicht möglichst hohe Feuerraumtemperaturen, sondern eher das Gegenteil. Die erste Heizfläche soll bei Kesseln für hohe mittlere Heizflächenleistung und gute Steinkohle so angeordnet sein, daß trotz sehr hohen CO_2-Gehaltes der Rauchgase im Feuerraum 1350° bis 1450° C nicht überschritten werden. Ja, es wäre noch besser, die Rauchgastemperatur im Feuerraum noch weiter durch direkte Abstrahlung nach der Heizfläche herunter zu drücken, wenn dadurch nicht die spezifische Leistung von 1 m^2 Rostfläche bzw. 1 m^3 Feuerraum leiden würde. Es kommt also durchaus nicht darauf an, daß ein kleiner Teil der gesamten Kesselheizfläche sehr hoch belastet ist, sondern daß möglichst viel Heizfläche mäßig stark beansprucht

[1]) Münzinger: Leistungssteigerung, S. 151/152.
[2]) Münzinger: Leistungssteigerung S. 18ff.

und der Unterschied zwischen der höchsten Beanspruchung innerhalb eines Kessels und seiner mittleren Belastung tunlichst klein ist, d. h. so klein, als es Rücksichten auf gute Verbrennung auch bei schwacher Dampfleistung und auf tiefe Abgastemperatur noch zulassen. Mehr oder weniger kräftiger Wasserumlauf dagegen ist aus ähnlichen Gründen, wie sie weiter oben für Überhitzer entwickelt wurden, auf die spezifische Heizflächenleistung nur von untergeordnetem Einfluß. Würde es z. B. auf einfache und betriebssichere Weise gelingen, die Wärmeübertragung durch reine Berührung auch nur um 10 bis 15 v. H. zu verbessern, so wäre die dadurch erzielte Ersparnis an Baukosten bzw. an Heizfläche viel bedeutender als die durch einen sehr erheblich gesteigerten Wasserumlauf erreichte.

Man könnte vielleicht einwenden, daß infolge des Umlaufens der Rotoren der Wärmeübergang zwischen Rauchgasen und Rotoren höher sei als bei ruhenden Heizflächen. Dieser Einfluß kann jedoch nicht beträchtlich sein, da bei den in Frage kommenden Rauchgastemperaturen die Wärmeübertragung durch Strahlung weit überwiegt.

Das Speisewasser durchströmt zuerst den aus Schlangen bestehenden Ekonomiser und wird den einzelnen Rotoren zentral durch rotierende Stopfbüchsen zugeführt. Es wird dann durch geeignete Vorrichtungen gleichmäßig über den ganzen Mantelumfang verteilt. Ein besonderer Apparat hält selbsttätig die Stärke des Wassermantels konstant, seine Wirkung entspricht etwa derjenigen von Speisewasserreglern für normale Dampfkessel, Abb. 21. Der entwickelte Dampf sammelt sich im Innern des Wassermantels, strömt auf der anderen Seite der Rotoren axial ab und gelangt über ein Sammelrohr in einen Überhitzer normaler Bauart. Die dem „Wasserstand" normaler Kessel entsprechende Dicke des Wassermantels wird durch die Druckdifferenz zwischen dem Druck im Wassereinlaßrohr und dem Druck im Dampfausströmrohr selbsttätig innerhalb gewisser Grenzen konstant gehalten. Zu diesem Zweck sitzt an der Wassereintrittsseite ein kleiner, dem Laufrad einer Zentrifugalpumpe ähnlicher Rotationskörper, der infolge der Schleuderwirkung des Wassers einen kleinen Druckunterschied zwischen Wassereintrittsrohr und Dampfaustrittsrohr verursacht. Dieser Druckunterschied wirkt auf den in Abb. 21 dargestellten Apparat ein, der die Stärke des Wassermantels anzeigt und die Speisewasserzufuhr regelt. Die Stärke des Wassermantels wird durch den Ausschlag von Hebel *7* auf einer Skala mit entsprechender Teilung und unabhängig davon durch den kleinen Hilfsapparat *9*, der auf dem gleichen Verfahren beruht wie der Wasserstandsregler selbst, auf Skala 13 angezeigt.

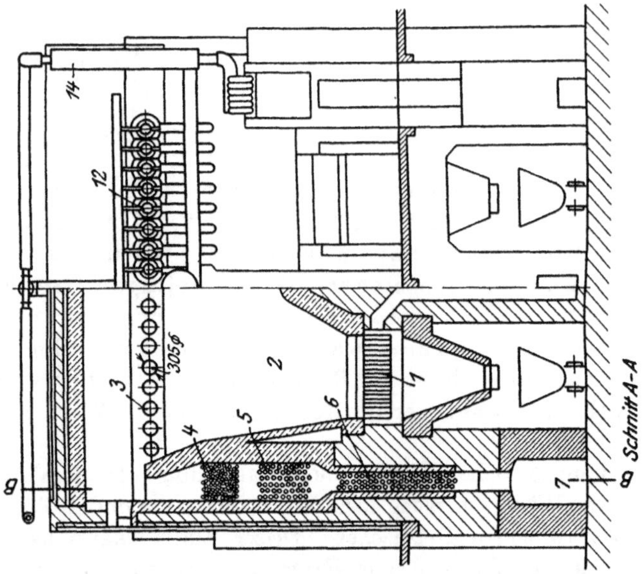

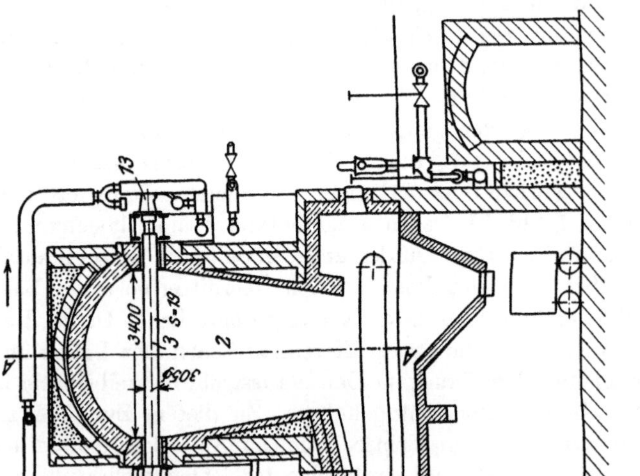

Abb. 17 bis 20 zeigen einen Atmos-Kessel für eine Dampferzeugung von 18 000 kgh^{-1} von 100 at und 420° C. Er hat 16 Rotoren von 305 mm äußerem Durchmesser und 19 mm Wandstärke und einer der direkten Beheizung durch das Feuer ausgesetzten Länge von 3400 mm. Seine „Kesselheizfläche“ beträgt somit rund 52 m^2.

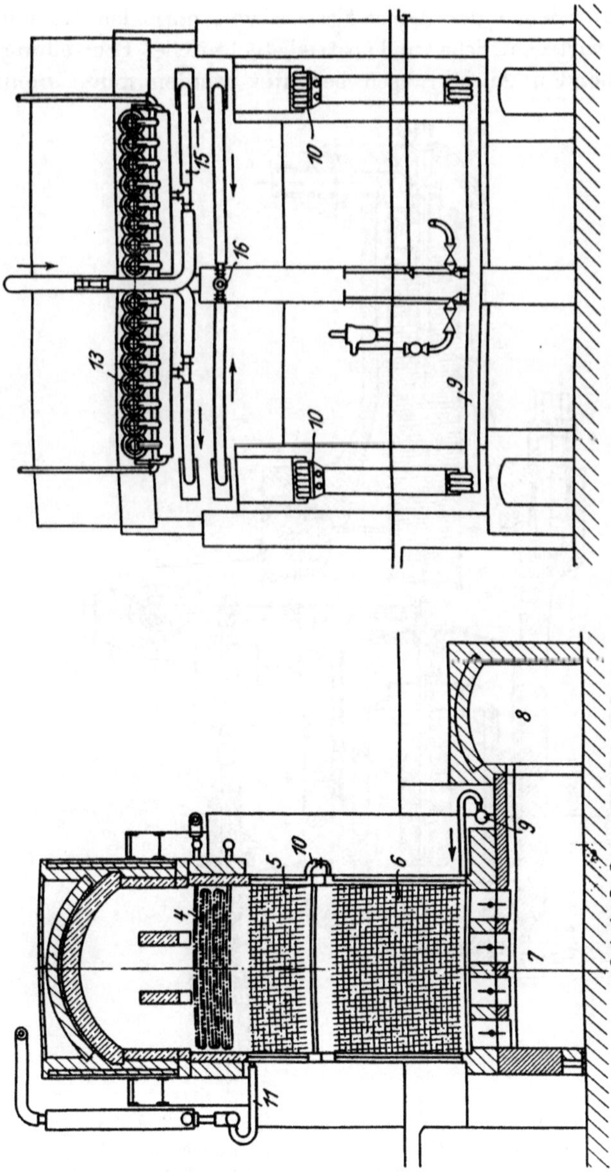

Abb. 17 bis 20. 100 at-Atmos-Kessel der Sudenburger Maschinenfabrik in Magdeburg-Sudenburg für 18000 kg stündliche Dampferzeugung von 420° C.

1 = Wanderrost, *2* = Feuerraum, *3* = Rotoren, *4* = Überhitzer, *5* u. *6* = Ekonomiser, *7* = Fuchs, *8* = Rauchgassammelkanal, *9* = Speisewassereintritt, *10* = Verbindung der Ekonomiserhälften, *11* = Austritt aus Ekonomiser, *12* = Wassereintritt in Rotor, *13* = Dampfaustritt aus Rotor, *14* = Dampfüberströmleitung aus Ekonomiser, *15* = zum Überhitzer, *16* = Austritt aus dem Überhitzer.

Die Rotoren werden durch einen 32-PS-Elektromotor mit 320 minutlichen Umdrehungen angetrieben. Zwischen dem Austritt des Ekonomisers und dem Eintritt in die Rotoren sitzt ein Dampfabscheider, der im Ekonomiser gelegentlich erzeugten Dampf unter Umgehung der Rotoren unmittelbar in den Überhitzer führen soll.

Das völlige Abweichen des Atmos-Kessels von normalen Kesseln erschwert seine wirtschaftliche und betriebstechnische Beurteilung, was bei nachstehenden Ausführungen beachtet werden muß. Beim

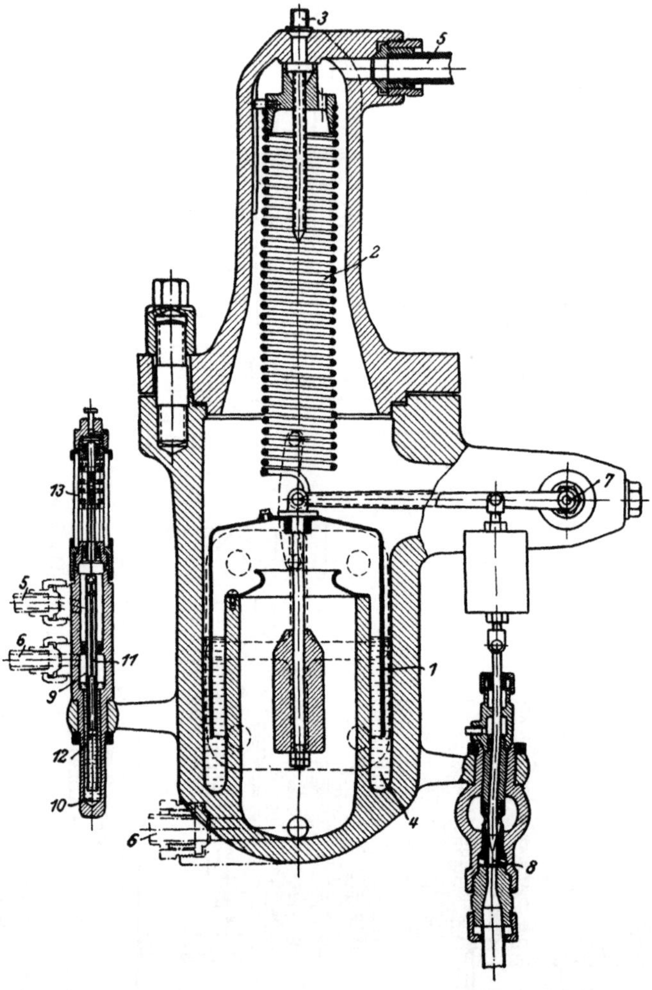

Abb. 21. Wasserstandsregler und „Wasserstandsanzeiger" eines Atmos-Kessels. *1* = Glocke, *2* = Entlastungsfeder für Glocke, *3* = Spannschraube für *2*, *4* = Quecksilber, *5* = Anschluß an Wassereintritt in Rotor, *6* = Anschluß an Dampfaustritt aus Rotor, *7* = Drehachse, *8* = Speiseregulierventil, 9 = Führungsrohr, *10* = Quecksilber, *11* u. *12* = Stahlschwimmer, *13* = Skala des „Wasserstandsanzeigers".

Betriebsmann werden besonders 2 Punkte Bedenken erregen: die Reinigung der inneren Heizfläche und der Antrieb der Rotoren. Ein in der Carnegie-Zucker-Raffinerie in Göteborg aufgestellter Kessel von 60 at soll sich in 3jährigem Betriebe gut bewährt haben. Immerhin wird man annehmen dürfen, daß für größere Werke mit 4000 bis 6000 jährlichen Betriebsstunden Atmos-Kessel sehr sorgsame Wasserreinigung und aufmerksame Bedienung benötigen. Ersterer Umstand würde m. E. den Wert des Kessels kaum beeinträchtigen, denn es ist ein Unding, zu sehr hohen Drücken, womöglich in Verbindung mit hoher Heizflächenbelastung, übergehen zu wollen, ohne der Beschaffung tadellosen Speisewassers die ihr gebührende, selbstverständliche Beachtung zu widmen.

Triftiger sind m. E. die Bedenken bezüglich des Antriebes der Rotoren. Wie bereits erwähnt wurde, kommen Rotoren wohl nur bis zu einer Mindesttemperatur von 800 bis 900° C in Frage, weil sonst ihre spezifische Leistungsfähigkeit zu klein bzw. ihre Heizfläche zu teuer wird. Sollten bei einem Kessel für 18 000 kgh^{-1} Dampferzeugung 16 Rotoren ausreichen, so wäre der erforderliche Aufwand an hochwertiger teurer Qualitätsarbeit wohl nicht unangemessen. Auch die Zahl der Stopfbüchsen und Antriebsstellen wäre dann erträglich. Wären dagegen wesentlich mehr Rotoren nötig, so dürfte es nicht leicht fallen, das Kesselgerüst, die Lagerung der Rotoren und den Antrieb so auszubilden, daß unvermeidliche Dehnungen oder andere Einwirkungen der Wärme auf empfindliche Organe sich mit der Zeit nicht störend bemerkbar machen. Eine weitere Schwäche des Atmos-Kessels ist, daß bei Ausbleiben des elektrischen Stromes die Rohre sich einseitig überhitzen und krumm ziehen oder gar verbrennen. Endlich muß die Erfahrung noch lehren, ob die Instandhaltung der Stopfbüchsen genügend einfach und anspruchslos ist; in Göteborg sollen sie keine Anstände verursacht haben.

Nach den für den 18000-kg-Kessel angegebenen Abmessungen ist der Wasserinhalt der Rotoren 2200 bis 2700 kg, also, wie noch gezeigt werden wird, nur rund 20 bis 25 v. H. von dem eines Sektionalskessels, der auch schon sehr klein ist. Der Kessel wird sich daher, wie in Abschnitt IVc näher begründet wird, ohne Zuschaltung eines Wärmespeichers für Werke mit heftigen Spitzen noch weniger eignen als ein Sektionalkessel. Druckabsenkungen infolge von Spitzen werden übrigens voraussichtlich schon aus dem Grunde nicht so groß wie bei Sektionalkesseln werden dürfen, weil sich sonst gelegentlich größere Dampfmengen im Ekonomiser bilden und die geordnete Wasserzufuhr zu den Rotoren stören könnten.

Eine Nachrechnung an Hand der für den Kessel in Abb. 17 bis 20 gemachten Angaben gibt folgendes Bild:

Es beträgt

Stündliche Dampferzeugung	18 000 kgh^{-1}
Heizfläche der 16 Rotoren	52 m^2
Wirkungsgrad des Kessels	82 v. H.
Kesseldruck	60 at
Außentemperatur der Rotoren (t_2)	rd. 300 °C

Nimmt man an, daß das Speisewasser im Ekonomiser auf Sättigungstemperatur erwärmt wird, so ist

Wärmeaufnahme von 1 kg Speisewasser in den Rotoren . . 364 $\text{kcal}\,\text{kg}^{-1}$
Wärmeaufnahme auf 1 m^2 Rotoren-Heizfläche . . . . . 126 000 $\text{kcal}\,\text{m}^{-2}\,\text{h}^{-1}$

Unter diesen Bedingungen beträgt

Rauchgastemperatur hinter den Rotoren . . . . 987° C

Rechnet man reichlich mit einer

Wärmedurchgangszahl durch Berührung von . . . . 30 $\text{kcal}\,\text{m}^{-2}\,\text{h}^{-1}\,(°\text{C})^{-1}$,

so würde betragen

Wärmeaufnahme durch Berührung von 1 m^2 Rotoren-Heizfl. 23 300 $\text{kcal}\,\text{m}^{-2}\,\text{h}^{-1}$

und es entfiele auf die

Wärmeaufnahme durch Strahlung von 1 m^2 Rotoren-Heizfl. 102 700 $\text{kcal}\,\text{m}^{-2}\,\text{h}^{-1}$,

dies ergibt die

Feuerraumtemperatur (t_1) . . . . 1116° C

Würden nun sämtliche vom Rost ausgesandten Wärmestrahlen unmittelbar und ohne Verlust auf die Rotoren-Heizfläche auftreffen, so wäre die Wärmeaufnahme durch Strahlung von 1 m^2 Rotoren-Heizfläche

$$W_s = 4\left\{\left(\frac{t_1 + 273}{100}\right)^4 - \left(\frac{t_2 + 273}{100}\right)^4\right\}$$

$$= 4\left\{\left(\frac{1389}{100}\right)^4 - \left(\frac{573}{100}\right)^4\right\} = 145\,000\ \text{kcal}\,\text{m}^{-2}\,\text{h}^{-1}.$$

Diese theoretisch höchstens mögliche Wärmeaufnahme ist rund 41 v. H. größer als die oben mit 102 700 $\text{kcal}\,\text{m}^{-2}\,\text{h}^{-1}$ festgestellte, die aufgenommen werden müßte, wenn die 16 Rotoren tatsächlich 18 000 $\text{kg}\,\text{h}^{-1}$ Dampf von 60 at aus Wasser von Sättigungstemperatur erzeugen sollen. In Wirklichkeit können aber offenbar die 16 Rotoren bei einer Anordnung nach Abb. 17 bis 20 bei weitem nicht 145 000 $\text{kcal}\,\text{m}^{-2}\,\text{h}^{-1}$ durch Strahlung aufnehmen, weil

a) nur etwa 50 v. H. der Rotoren-Heizfläche der Bestrahlung vom Feuer her ausgesetzt sind;

b) wie ich an anderer Stelle zeigte, bei weitem nicht 100 v. H. der vom Rost ausgehenden Wärmestrahlen unmittelbar die bestrahlte Heizfläche erreichen[1]).

Endlich wird man das Speisewasser aus naheliegenden Gründen im Ekonomiser nicht ganz auf Sättigungstemperatur erwärmen dürfen, so daß die Rotoren mehr Wärme aufnehmen müssen, als oben errechnet wurde.

Die Rechnung zeigt also, daß es bei Kesseln mit ähnlichen Konstruktionselementen, wie sie der Atmos-Kessel hat, d. h. mit Heizflächenteilen von sehr hohen spezifischen Kosten, darauf ankommt, daß

---

[1]) Münzinger: Leistungssteigerung von Großdampfkesseln S. 7ff.

1. die gesamte direkte Wärmeübertragung durch Strahlung möglichst groß ist;
2. die Feuerung mit möglichst hohem CO_2-Gehalt arbeitet;
3. die Vorwärmung des Speisewassers der Sättigungstemperatur so weit genähert wird, als es betriebstechnisch zulässig ist.

Wird Punkt 1 nicht beachtet, so wird durch den Rückgang der Leistung der sehr teuren Heizfläche jede Wirtschaftlichkeit unmöglich.

Abb. 22. Ansicht des Antriebes der Rotoren eines Atmos-Kessels in Göteborg (Schweden).

Arbeitet die Feuerung mit schlechtem CO_2-Gehalt, so nehmen infolge der erniedrigten Feuerraumtemperatur die Rotoren nur wenig Wärme auf, und der Wärmeinhalt der Rauchgase hinter ihnen ist noch so hoch, daß auch in den Ekonomisern stärkere Dampfbildung auftritt. Sind endlich die Ekonomiser zu klein bemessen, so müssen die Rotoren einen Teil derjenigen Wassererwärmung leisten, der thermisch ebensogut, aber finanziell vorteilhafter von der billigeren Ekonomiserheizfläche geleistet werden könnte.

Andererseits findet eine Anhäufung direkt bestrahlter Heizflächen über der Feuerung dadurch eine Begrenzung, daß durch sie die Feuer raumtemperatur nicht auf einen Betrag herabgesetzt werden darf, bei dem die Güte der Verbrennung leidet oder die spezifische Leistung der Feuerung unter einen vernünftigen Wert sinkt.

Da bei sehr hohen Dampfdrücken die von der eigentlichen Kesselheizfläche aufzunehmende Wärmemenge nach Abb. 1 u. 2 immer kleiner wird, eignen sich dem Atmos-Kessel ähnliche Dampferzeuger für sehr hohe Dampfdrücke offenbar besser als für mittlere, weil der Anteil der teuersten Heizfläche an der insgesamt erforderlichen immer geringer und der Preis eines ganzen Kesselsatzes relativ günstiger wird.

Die selbsttätige Speisewasserregelung, die an sich in sehr geschickter Weise gelöst ist, könnte vielleicht insofern bei manchen Betriebsleuten Bedenken erwecken, als es bei nicht sofort behebbaren Störungen am Regler schwieriger als bei normalen Kesseln sein dürfte, bis zur Beseitigung der Störung von Hand zu speisen. Die Anordnung von zwei völlig voneinander unabhängigen „Wasserstandsanzeigern" war daher eine richtige Maßnahme.

Über die Baukosten liegen Unterlagen nicht vor. Ein Vergleich mit Sektionalkesseln oder Steilrohrkesseln war daher leider nicht möglich.

Der Atmos-Kessel ist jedenfalls eine außerordentlich originelle Lösung, und man wird gerne hoffen, daß es seinem Erbauer gelingt, die Bauart, die ja erst über eine kurze Entwicklungszeit verfügt, so durchzubilden, daß sie allen praktischen Anforderungen gewachsen ist.

c) Der Benson-Prozeß.

Benson sucht die bei hohen Drücken sehr schweren und teuren Kesseltrommeln dadurch zu vermeiden, daß er das Wasser unter einem Druck, der etwas höher als der kritische ist (224,2 at), zunächst bis zur kritischen Temperatur (374° C) erwärmt. Im kritischen Punkte ist die latente Wärme gleich Null, d. h. das Wasser geht plötzlich als Ganzes vom flüssigen in den dampfförmigen Zustand über. Der Dampf von annähernd 225 at wird in derselben Schlange auf etwa 390° C überhitzt, Punkt B in Abb. 23 u. 24, und dann auf 105 at gedrosselt. Die Grenzkurve von Wasserdampf hat bei rund 50 at ein Maximum, Punkt x. Daher rührt es, daß gesättigter Dampf von mehr als 50 at im Gegensatz zu Dampf von kleinerer Spannung beim Drosseln nicht überhitzt, sondern feucht wird. Beispielsweise beträgt im vorliegenden Fall der Wassergehalt nach dem Drosseln rund 18 v. H., Punkt C. Dieses Feuchtwerden ist aber natürlich nicht die Folge eines Wärmeverlustes, sondern rührt lediglich vom physikalischen Verhalten von Wasserdampf bei hohen Drücken her. Der feuchte Dampf wird in einem Überhitzer zunächst getrocknet, Punkt D, und dann auf etwa 420° C überhitzt, Punkt E in Abb. 23. In thermischer Beziehung wäre es dasselbe gewesen, wenn der Dampf sofort bei 225 at auf eine solche Temperatur überhitzt worden wäre, daß nach dem Herabdrosseln die gewünschte Temperatur von 420° C erreicht wird, Punkt F. In praktischer Beziehung dürfte der von Benson gewählte Weg der zweistufigen Überhitzung deshalb vorzuziehen sein, weil der sekundäre Überhitzer nicht gleichzeitig Temperaturen über 400° C und Drücken von rund 250 at ausgesetzt ist.

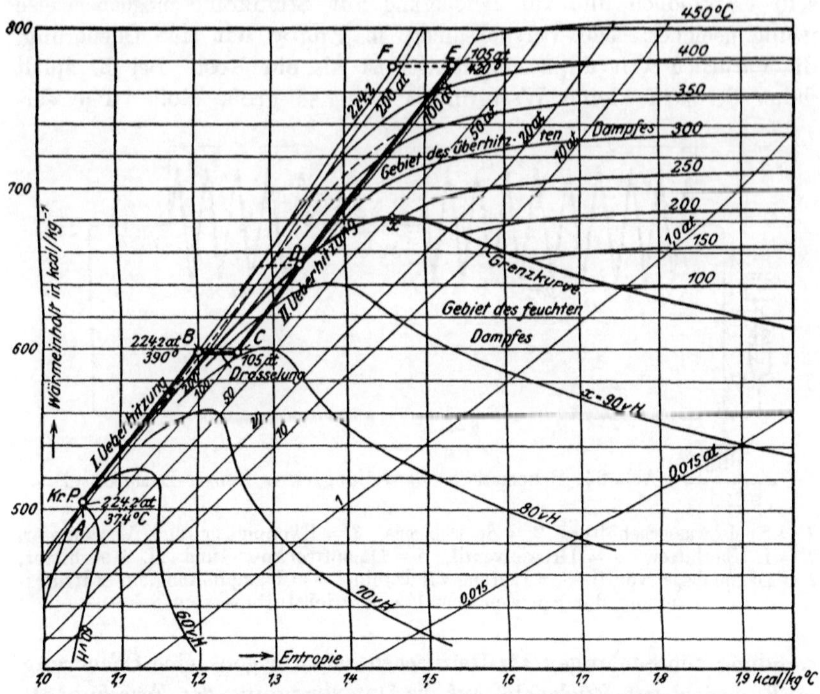

Abb. 23. Dampferzeugung nach Benson vom Erreichen des kritischen Druckes an. Vergleiche auch Abb. 24. Es entspricht $\overline{AB}$ der Strecke 4, $\overline{BC}$ der Strecke 5, $\overline{CDE}$ der Strecke 6 in Abb. 24.

Die Arbeitsleistung des Dampfes von 105 at und 420° C erfolgt bei Benson in normaler Weise, braucht daher hier nicht besonders beschrieben zu werden. Eine Benson-Anlage für eine Leistung von 1000 kW befindet sich zur Zeit in Rugby in England in der Aufstellung. Kessel und Ekonomiser bestehen aus fünf parallel geschalteten Rohrschlangen von 20,3/30,5 mm Durchmesser, die Überhitzerschlangen haben denselben Durchmesser. Nach den im Power gemachten Angaben würde die Wassergeschwindigkeit in den Kesselschlangen etwa zwischen 0,8 und 2,5 m sec^{-1} liegen[1]). Der Wasserinhalt des Kessels wird zu nur 226 kg

[1]) Power 1923, S. 796 u. 842.

angegeben. Dies würde bei dem unseren späteren Berechnungen zugrunde gelegten Kessel einem Wasserinhalt von rund 1 m³ entsprechen. Der Benson-Kessel hat also einen noch weit kleineren Inhalt als der Sektionalkessel, Abb. 62, und ist daher gegen Spitzenbelastung noch viel empfindlicher als dieser. Deshalb wird auch er, seine sonstige Bewährung vorausgesetzt, wohl immer einen Wärmespeicher benötigen. Gegen kurzzeitiges Versagen der Speisewasserzufuhr ist er gleichfalls sehr empfindlich und für Befeuerung mit Steinkohle möglicherweise wenig geeignet. Die Versuchsanlage in Rugby hat eine Ölfeuerung, die natürlich weit anpassungsfähiger ist als ein Rost. Bei ihr spielt daher der sehr kleine Wasserinhalt keine so große Rolle. Bei Ver-

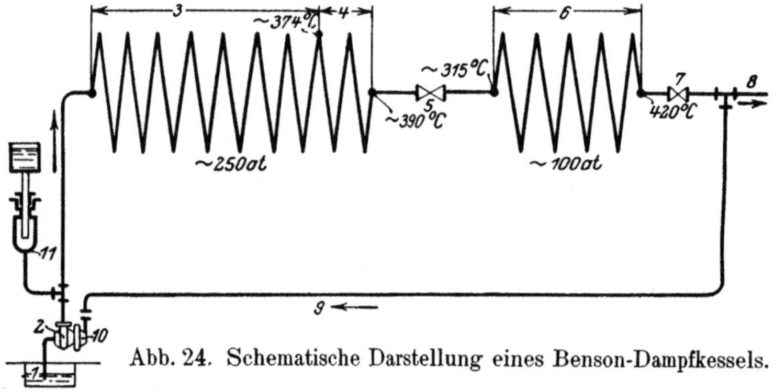

Abb. 24. Schematische Darstellung eines Benson-Dampfkessels.

1 = Speisewasserbehälter, *2* = Speisepumpe, *3* = Ekonomiser und Verdampfer, *4* = I. Überhitzer, *5* = Drosselventil, *6* = Dampftrockner und II. Überhitzer, *7* = Dampfabsperrventil, *8* = Leitung zur Turbine, *9* = Dampfleitung zur Antriebsturbine der Speisepumpe, *10* = Antriebsturbine von *2*.

wendung von Schlangen als Heizflächen ist übrigens eine Ölfeuerung m. E. sowohl mit Rücksicht auf die Unterbringung der Feuerung als auch wegen des Wegfalles der Verschmutzung durch Ruß und Flugasche für den Kesselbauer weit einfacher als irgendein Rost. Unreines Speisewasser wird der Benson-Kessel noch weniger vertragen als der Atmos-Kessel.

Beim Versuchskessel in Rugby sind 5 Schlangen parallel geschaltet, bei Kesseln großer Leistung wird ihre Zahl entsprechend höher sein. Der Widerstand der einzelnen Schlange hängt nun u. a. sehr davon ab, wie stark sie beheizt wird, bzw. wieviel Dampf in ihr entwickelt wird. Eine völlig, ja sogar eine nur annähernd gleichmäßige Beheizung wird aber bei großen Kesseln mit Rosten kaum erzielbar sein, dazu kommen andere Einflüsse vorwiegend konstruktiver Natur, die bewirken, daß der Widerstand der Schlangen ungleich ausfällt. Jedenfalls mahnen Erfahrungen an gewissen schmiedeisernen Ekonomisern in dieser Beziehung zur Vorsicht. Werden aber die Durchflußmengen der einzelnen Schlangen in stärkerem Maße verschieden, so ist zu befürchten, daß die Überhitzung stark schwankt, wenn nicht gar Wasser vom Dampf mitgerissen. Vielleicht überhitzt Benson mit aus dieser Überlegung heraus den Dampf vor dem Drosseln, um Ungleichheiten des Auswurfes der einzelnen Schlangen bereits vor dem Drosseln nach Möglichkeit auszugleichen.

Die grundsätzliche Schwäche des Benson-Verfahrens scheint mir indes der sehr hohe Pumpendruck von rund 250 at zu sein. Wenn z. B. nur mit Dampf von rund 100 at gearbeitet wird, so spielt bei einer Benson-Anlage die Pumpenarbeit eine rund 2,5 mal so große Rolle wie bei einem Kessel üblicher Bauart für 100 at Dampfdruck. Nun beträgt der Dampfverbrauch für die Speisepumpe bei 100 at bereits 2 v. H. des Gesamtdampfverbrauches, bei 250 at somit rund 5 v. H. Eine mit Benson-Kesseln arbeitende Kraftmaschinenanlage hätte also lediglich infolge des höheren Betriebsdruckes im Kessel einen um 3 v. H. schlechteren Dampfverbrauch als eine Anlage mit demselben Dampfdruck (rund 100 at), aber normalen Kesseln. Der Benson-Kessel dürfte billiger sein als Sektional- und Steilrohrkessel. Armaturen, Pumpen und Rohrverbindungen werden aber erheblich größere Schwierigkeiten machen, die Empfindlichkeit gegen nicht ganz reines Speisewasser ist sicher sehr groß, und das zuverlässige Arbeiten des sehr hoher Temperatur und sehr großem Druck ausgesetzten Drosselorganes erscheint unsicher. Alles in allem dürfte in größeren Anlagen das Benson-Verfahren den bekannten Verfahren schwerlich überlegen sein. Die übrigen Vorschläge von Benson weisen keine neuen Merkmale auf, vielleicht mit Ausnahme der Konstanthaltung des Druckes im Kessel, auf die ja hier viel ankommt. Sie wird durch Einschaltung eines hydraulischen Akkumulators in die Speiseleitung bewirkt, Abb. 24.

d) Vorschläge von Dr. Ruths.

Beim Übergang der Wärme von den Rauchgasen an das Kesselwasser oder an Dampf sind, wie in Abschnitt II b gezeigt wurde, 3 Widerstände zu überwinden: der Widerstand zwischen Rauchgasen und Rohrwand, der Widerstand der Rohrwand selbst und der Widerstand zwischen Rohrwand und Wasser bzw. Dampf.

Es bezeichnet:

α_1 = Wärmeübergangszahl zwischen Wärmeträger (Rauchgasen) und Rohrwand in $\mathrm{kcal\,m^{-2}h^{-1}\,(°\,C)^{-1}}$,

α_2 = Wärmeübergangszahl zwischen Rohrwand und Wärmeaufnehmer (Dampf bzw. Wasser) in $\mathrm{kcal\,m^{-2}h^{-1}\,(°\,C)^{-1}}$,

s = Dicke der Rohrwand in m,

λ = Wärmeleitfähigkeit der Rohrwand in kcal $m^{-1} h^{-1} (°C)^{-1}$,
F = Heizfläche der Rohrwand in m^2,
Q = auf 1 m^2 Heizfläche übertragene Wärmemenge in kcal h^{-1},
k = Wärmedurchgangszahl der Rohrwand zwischen Wärmeträger und Wärmeaufnehmer in kcal $m^{-2} h^{-1} (°C)^{-1}$.

Die von Rauchgasen an Rohrwände bei 1° C Temperaturgefälle stündlich durch Berührung übertragene Wärmemenge liegt etwa zwischen 20 und 40 kcal $m^{-2} h^{-1} (°C)^{-1}$, dieselbe Zahl zwischen Rohrwand und siedendem Wasser beträgt rund 6000 kcal $m^{-2} h^{-1} (°C)^{-1}$, und durch eine 1 m dicke Rohrwand werden pro Stunde bei 1° C Temperaturunterschied 56 kcal geleitet. Der Wärmeübergang zwischen Rohrwand und Rauchgasen ist also weit kleiner als die beiden anderen Werte.

Die Wärmedurchgangszahl k wird berechnet aus

$$k = \frac{1}{\frac{1}{\alpha_1} + \frac{1}{\alpha_2} + \frac{s}{\lambda}} \text{ kcal } m^{-2} h^{-1} (°C)^{-1},$$

$$= \frac{1}{\frac{1}{40} + \frac{1}{6000} + \frac{0{,}005}{56}} = 39{,}5 \text{ kcal } m^{-2} h^{-1} (°C)^{-1}.$$

k hängt also praktisch nur von der Größe α_1 ab, d. h. der schlechte Wärmeübergang zwischen Rauchgasen und Rohrwand ist die Hauptursache für die geringe spezifische Leistung von Dampfkesselheizflächen.

Nun ist die sehr hohe Wärmeübergangszahl zwischen kondensierenden Dämpfen und Heizflächen bekannt, sie beträgt z. B. bei Wasser rund 9000 kcal $m^{-2} h^{-1} (°C)^{-1}$.

Dr. Ruths macht nun den Vorschlag, Höchstdruckdampf dadurch zu erzeugen, daß die Wärme zunächst von den Rauchgasen an eine hochsiedende Flüssigkeit übertragen wird, die bei 300 bis 400° C Temperatur einen Dampfdruck von nur wenigen at hat. Im Dampfraum über dieser Flüssigkeit ordnet Dr. Ruths Heizschlangen an, in welchen Höchstdruckdampf durch mittelbare Wärmeübertragung erzeugt wird. Die Schlangen könnten etwa im Dampfraum vorhandener Kessel, z. B. von Flammrohrkesseln, untergebracht werden, die statt mit Wasser mit einem konstanten Vorrat an Heizflüssigkeit gefüllt sind und unter kleinem Überdruck arbeiten.

Um ein Bild von den ungefähren Abmessungen der Schlangen zu geben, möge für die der „Kesselheizfläche" entsprechende Schlangenoberfläche angenommen werden, daß der Wärmeübergang zwischen kondensierendem Heizdampf und Rohrschlange ebenso groß sei wie bei

Wasserdampf, also rund 9000 kcal $m^{-2}h^{-1}(°C)^{-1}$ sei. Die Wärmedurchgangszahl wird dann

$$k = \frac{1}{\frac{1}{9000} + \frac{0{,}005}{56} + \frac{1}{6000}} \sim 2700 \text{ kcal } m^{-2}h^{-1}(°C)^{-1},$$

ist also ein Vielfaches der entsprechenden Größe bei rauchgasbeheizten Heizflächen. Für den Überhitzer und den Ekonomiser liegen die Verhältnisse ähnlich. Obgleich nun der mittlere Temperaturunterschied bei der Anordnung nach Dr. Ruths weit kleiner als bei direkt beheizten Kesseln ist (mit Ausnahme des Ekonomisers), so kommt man doch wegen der viel höheren Durchgangszahl mit einer 15- bis 20mal kleineren Schlangenheizfläche aus. Es wird also mit anderen

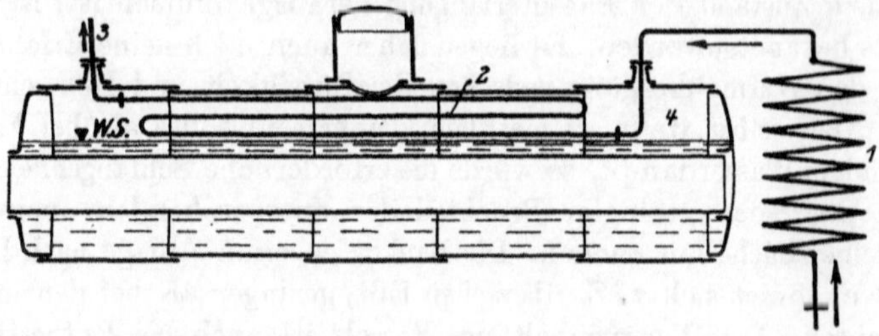

Abb. 25. Schematische Darstellung eines Dampferzeugers nach Dr. Ruths. *1* = von den Rauchgasen beheizter Höchstdruckekonomiser, *2* = Verdampfer und Überhitzer, *3* = Dampfleitung zur Maschine, *4* = Dampfraum des (Niederdruck-) Flammrohrkessels.

Worten möglich sein, statt eines für Höchstdruck gebauten Steilrohr- oder Sektionalkessels von 850 bis 1000 m^2 Heizfläche mit einem ebenso großen auszukommen, der einen Betriebsdruck von nur wenigen at hat und in dessen Dampfraum eine Schlange von 50 bis 70 m^2 Fläche hängt, die dem Höchstdruck ausgesetzt ist. Viele vorhandene Kessel ließen sich also lediglich durch nachträglichen Einbau solcher Schlangen mit verhältnismäßig geringfügigen Kosten zur Erzeugung von Höchstdruckdampf benutzen.

Auch hier werden bei größeren Dampfleistungen mehrere Schlangen parallel geschaltet werden müssen, so daß dieselben Schwierigkeiten vorzuliegen scheinen, wie sie beim Benson-Verfahren besprochen wurden. Der grundsätzliche Unterschied gegenüber letzterem besteht aber darin, daß man durch etwas reichlichere Bemessung der Schlangenlänge, als sie an sich zur Erzeugung der erforderlichen Dampfmenge nötig wäre, ein sehr einfaches Mittel hat, um mitgerissenes Wasser vollends zu verdampfen. Da der erzeugte Wasserdampf höchstens die Sättigungstemperatur der Heizflüsssigkeit erreichen kann, wird auf diese einfache Weise eine Art Sicherheitsheizfläche geschaffen, die bewirkt, daß mitgerissenes Wasser sicher nachverdampft wird. Erfolgt die Dampfbildung aber ohne Überkochen von Wasser, so ist der letzte Teil des als Überhitzer wirkenden Teiles der Heizschlangen eben nahezu wirkungslos, ohne indes der Gefahr des Durchbrennens ausgesetzt zu sein. Auch insofern herrschen günstige Verhältnisse, als selbst bei stärkerer Kesselsteinbildung eine Schädigung des „Kessels“ kaum zu befürchten wäre, da lediglich die Dampfleistung der Schlange zurückgehen und bei unverminderter starker Brennstoffzufuhr der steigende Druck der Heizflüssigkeit auf eine unreine Schlangenheizfläche hinweisen würde. Endlich wird es voraussichtlich einfach möglich sein, die Temperatur des überhitzten Dampfes auf die jeweils gewünschte Höhe einzuregeln. Über die Heizflüssigkeit, die konstruktive Durchbildung, Regelung, so darüber, ob das Verfahren bereits aus dem Zustand der Patenterlangung herausgekommen ist, ist bisher nichts bekanntgeworden. Es liegen daher auch noch keine Erfahrungen über den Wärmeübergang zwischen Heizflüssigkeit und Rohrschlangen vor. Aber selbst wenn er merklich kleiner sein sollte als bei kondensierendem Wasserdampf, so würde die erforderliche Schlangenheizfläche doch nur einen geringen Bruchteil der entsprechenden „normalen“ Kesselheizfläche ausmachen. Die Baukosten einer Anlage nach Ruths werden, soweit sich z. Z. übersehen läßt, geringer als bei den anderen Verfahren. Der Wasserinhalt des Kessels ist auch bei Ruths-Höchstdruckkesseln sehr klein, doch wirkt die verhältnismäßig große Speicherfähigkeit der Heizflüssigkeit ausgleichend, und kürzere Stockungen in der Speisung ziehen keine gefährliche Überhitzung der „Kesselheizfläche“ nach sich.

e) Höchstdruckkessel „normaler“ Bauart.

Fast alle bisher bekanntgewordenen Konstruktionen von „normalen“ Höchstdruckkesseln, d. h. Kesseln mit direkter Beheizung, selbsttätigem Wasserumlauf und ruhender Heizfläche, sind unter enger Anlehnung an das „System“ entworfen, das die betreffende Fabrik für normale Dampfspannungen auszuführen gewöhnt ist. Die Annäherung geht zuweilen soweit, daß der Höchstdruckkessel lediglich am kleinen Durchmesser und der großen Wandstärke der Trommeln zu erkennen ist.

Die Voraussetzungen sind aber bei Kesseln für normale Drücke und bei Höchstdruckkesseln so verschieden, daß es in vielen Fällen ein Unding ist, das bei niederer Dampfspannung bewährte System sklavisch auch auf Höchstdruckkessel anzuwenden. Einer der Hauptzwecke dieser Arbeit ist es, diese Unterschiede zu zeigen, einige für den Bau wirtschaftlicher und betriebssicherer Kessel wichtige Gesichtspunkte zu entwickeln und mit dazu beizutragen, daß an Stelle gedankenlosen Nachbauens von Modellen, die sich für ganz andere Verhältnisse im Laufe vieler Jahre herausgebildet haben, auf wissenschaftlich-technische Schulung und Überlegung gegründetes planmäßiges Konstruieren tritt. Es wird für eine gedeihliche Weiterentwicklung aber auch viel darauf ankommen, daß dem Bau und Betrieb von Dampfkesseln mehr als bisher fähige Köpfe zugeführt werden und daß die rein werkmeisterhafte Empirie, die sich noch hier und dort breit macht, tunlichst schnell beseitigt wird.

Es kann nicht Aufgabe dieser Abhandlung sein und wäre auch aus naheliegenden Gründen nicht angängig, in eine Einzelkritik der auf den folgenden Seiten vorgeführten Entwürfe für Höchstdruckkessel einzutreten. Es muß vielmehr dem Leser überlassen bleiben, in welchem Umfang er die zahlreichen kritischen Bemerkungen, Richtlinien und Grundsätze dieser Arbeit für berechtigt hält und inwieweit er sie auf die behandelten Kesselentwürfe glaubt anwenden zu sollen.

Nach Abschnitt IIb wird mit zunehmendem Dampfdruck die Heizfläche des Kessels immer kleiner und die des Ekonomisers immer größer. Infolgedessen hat es im allgemeinen keinen Sinn, die bei sehr hohen Drücken verhältnismäßig kleine Kesselheizfläche in viele Bündel zu zerlegen und womöglich die Mehrzahl hiervon hinter den Überhitzer zu schalten. Dies ist meistens um so verfehlter, als dadurch mehr Trommeln nötig sind, als wenn man sich mit etwa 2 Bündeln und 3 bis höchstens 4 Trommeln begnügt, mit denen häufig gut auszukommen ist. Die Trommeln sind aber, wie in den folgenden Abschnitten noch ausführlich gezeigt werden wird, das Teuerste bei Höchstdruckkesseln. Es wird gleichfalls noch nachgewiesen werden, daß bei Höchstdruckkesseln eine einigermaßen ausreichende Speicherfähigkeit durch Anordnung großer Wasserräume aus physikalischen und konstruktiven Ursachen mit halbwegs vernünftigen Kosten nicht mehr erzielbar ist. Eine Unterteilung der Kesselheizfläche in mehr als 2 Bündel hat daher im allgemeinen bei Höchstdruckkesseln keinen Zweck (siehe S. 85).

Erfahrungen an Höchstdruckkesseln liegen m. W. bisher nur beim Atmos-Kessel in Göteborg vor, der sich gut bewährt haben soll, sowie bei dem 60-at-Steilrohrkessel mit einer Gesamtheizfläche von 72 m² und einer Rostfläche von 1,44 m², der den Dampf für die Versuche von Baurat Schmidt lieferte. Er war 14 000 h im Betrieb, soll gegen schlechtes Speisewasser sehr unempfindlich gewesen sein und sich auch sonst bestens bewährt haben. Nach dieser langen Betriebszeit wurde er mit 90 at abgedrückt, wobei die Einwalzstellen und die Schweißstellen völlig dicht blieben[1]). Wenngleich die an diesem immerhin sehr kleinen Kessel gesammelten Erfahrungen nicht ohne

[1]) Z. V. d. I. 1921, S. 1047.

weiteres auf Einheiten für viele 1000 kg stündlicher Dampferzeugung angewendet werden dürfen, so sind sie doch insofern beachtenswert, als sich grundsätzliche Schwierigkeiten nicht ergeben haben. Sie zeigen ferner in Übereinstimmung mit den im nächsten Abschnitt angestellten theoretischen Betrachtungen, daß guter Wasserumlauf und trockener

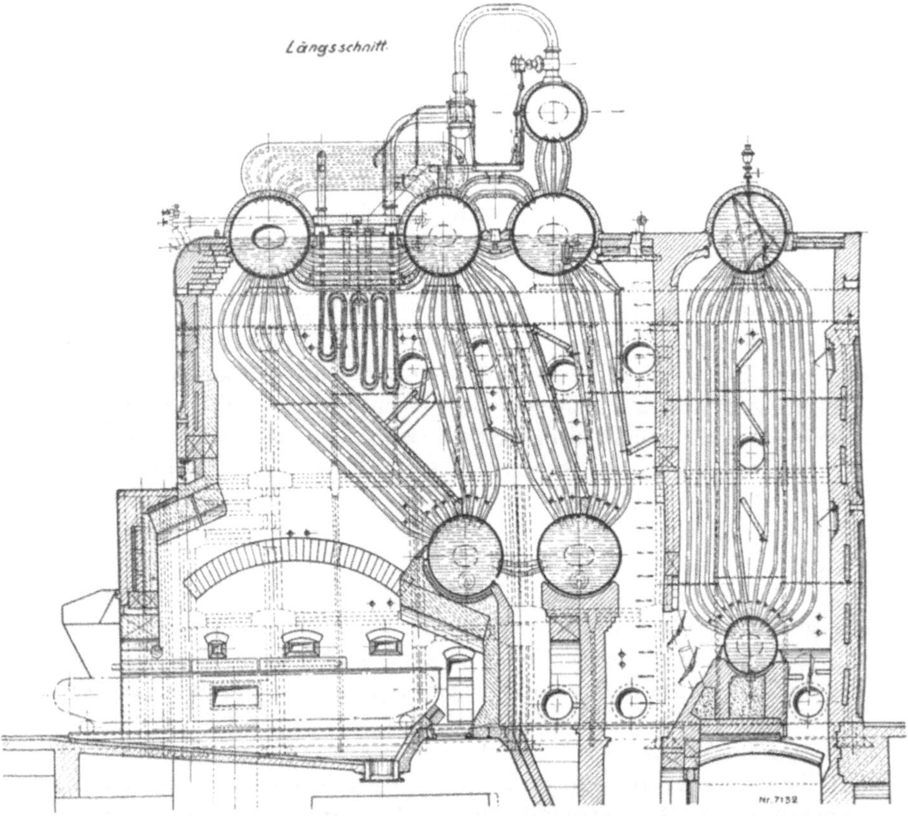

Abb. 26 u. 27. 600 m²-Hanomag-Steilrohrkessel für 32 at
Beachte: Hoher freier Feuerraum. Unterbringung der Überhitzerschlangen lange Rauchgaswege. Reichliche Wasser- und Dampfverbindungsquerschnitte. Fehlen einer durchgehenden

Dampf bei Verwendung normaler, bei 10 bis 20 at erprobter Konstruktionselemente auch bei sehr hohen Dampfdrücken zu erwarten sind.

Abb. 26 bis 47 bringen eine größere Zahl von Entwürfen für Höchstdruck-Steilrohrkessel von 30 bis 100 at. Nietnähte sind von etwa 40 at an völlig vermieden, die Trommeln werden dann entweder durch Schmieden oder Pressen hergestellt. Geschmiedete Trommeln müssen außen und innen abgedreht werden, um gleichmäßige Wandstärke zu erzielen.

Ursprünglich hatten solche Trommeln beiderseits Mannlöcher mit durch Nut und Falz gedichteten Deckeln, seit neuestem ist an Stelle des einen Mannloches nur noch ein kleiner Verschlußdeckel nötig. Die Trommeln werden im Bereich höherer Gastemperaturen auf geeignete Weise vor der Berührung durch die Rauchgase geschützt, um die

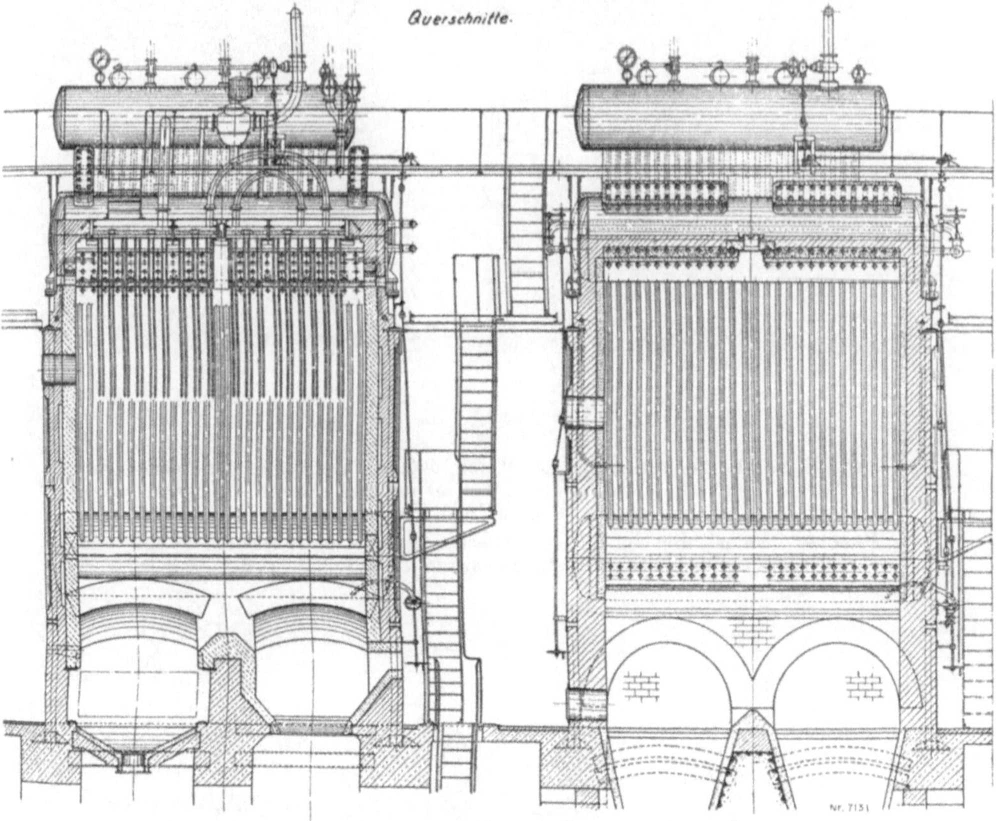

mit schmiedeisernem Ekonomiser und Wanderrost.
zwischen den Wasserverbindungsrohren der beiden vorderen Obertrommeln. Sehr Sorgfältige Ausführung der hochbeanspruchten feuerfesten Mauerwerksteile. Mittelwand zwischen den Rosten.

Walzstellen zu schonen, zusätzliche Spannungen in den dicken Blechen zu verhindern und ihre Temperatur möglichst dicht an der Sättigungstemperatur des Dampfes zu halten, da wertvolle Festigkeitseigenschaften von SM-Flußeisen in dem in Frage kommenden Temperaturbereich bereits merklich zurückgehen (siehe Abschnitt Va). Die Kessel- und Überhitzerrohre erhalten bei 100 at rund 5 mm Wandstärke. Die Wasserrohre werden entweder in glatte oder gerillte Bohrungen ein-

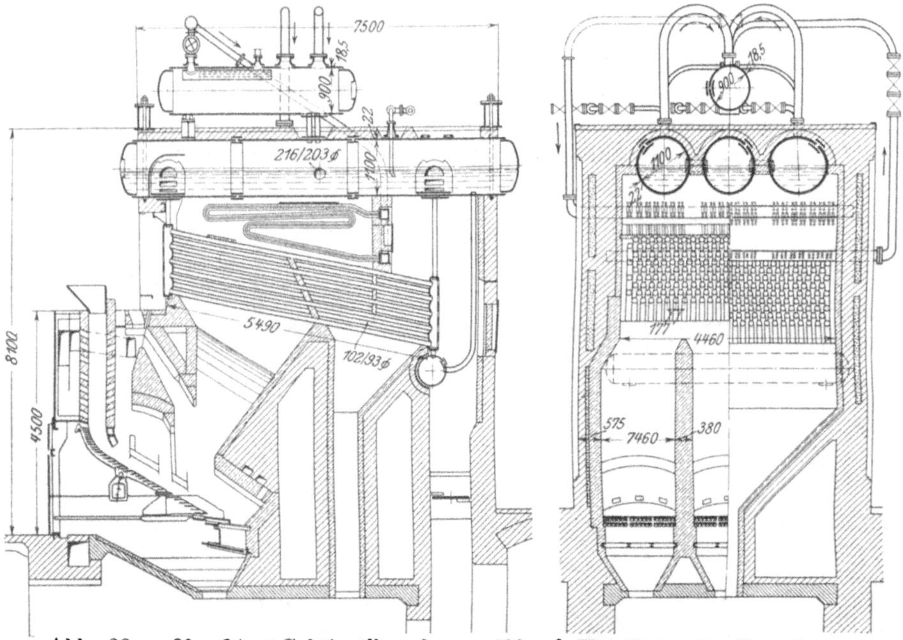

Abb. 28 u. 29. 34 at-Sektionalkessel von 400 m² Heizfläche für Dampf von 375° C der Firma A. Borsig, Tegel, mit neuer Braunkohlen-Halbgasfeuerung von Keilmann und Völcker.

Beachte: Verhältnismäßig kleine Durchmesser der Obertrommeln. Längs- und Rundnähte haben doppelte Laschennietung. Aufhängung des Kessels.

Abb. 30. Versuchs-Höchstdruckkessel von Babcock & Wilcox, New-York. *1* = Ölbrenner, *2* = Kessel, *3* = Ekonomiser, *4* = Fuchs.

gewalzt und dann umgebördelt. Einige Entwürfe verraten bereits das Bestreben, die Zahl der Trommeln zu verkleinern und den Aufbau des Kessels zu vereinfachen. Verschiedene Firmen nieten bis 40 at und verringern den Trommeldurchmesser auf einen solchen Betrag, daß die Wandstärke der Bleche bzw. die Schaftlänge der Niete noch beherrsch-

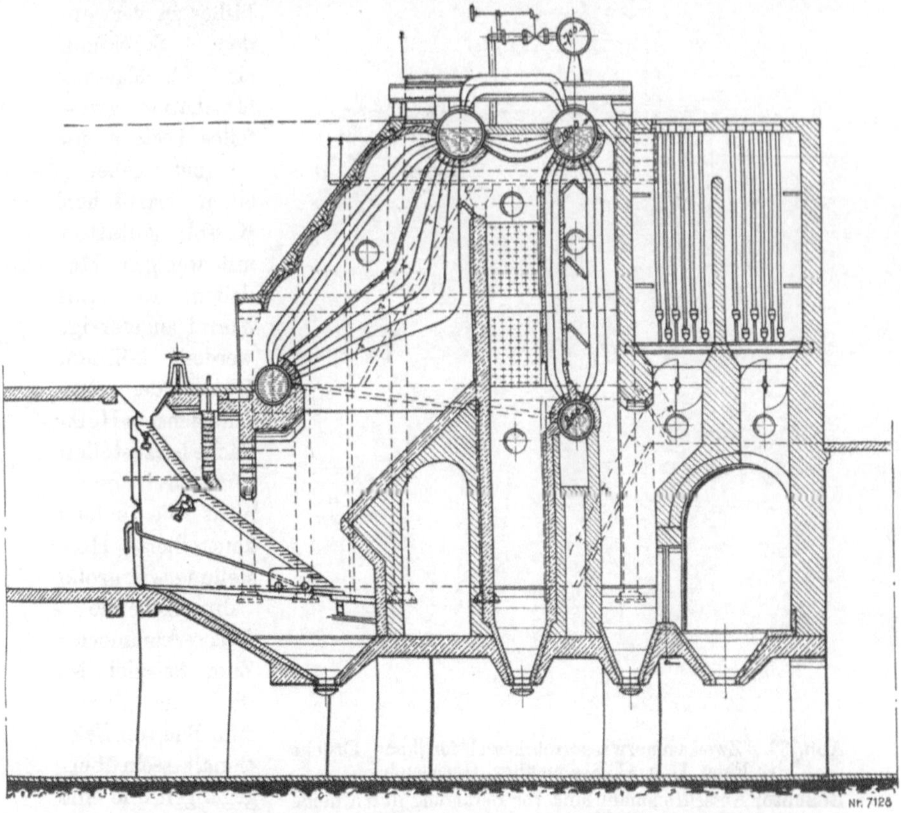

Abb. 31. 600 m²-Hanomag-Steilrohrkessel für 40 at mit neuer Keilmann u. Völcker-Halbgasfeuerung für Braunkohle und gußeisernem Ekonomiser.

Beachte: Trommeln vor Berührung durch heiße Gase geschützt. Sehr lange Rauchgaswege. Zwischen Kessel und Ekonomiser ist besondere Speisepumpe nötig.

bare Abmessungen haben. Zuweilen werden zweiteilige Überhitzer vorgesehen, wenn die Überhitzung über 400 bis 420° C getrieben werden und die Möglichkeit, sie zu regeln, bestehen soll. Die Ekonomiser werden entweder Steilrohrkesseln nachgebildet oder aus Schlangen und Sammelkästen oder ähnlich wie die Wasserrohrelemente von Sektionalkesseln hergestellt. Manchmal findet man auch gußeiserne Ekonomiser und zweistufige Speisung. Hierbei arbeiten die Ekonomiser unter einem Druck von 10 bis 20 at, der durch geeignete Regelung der Niederdruckpumpe selbsttätig konstant gehalten wird. Besondere Hochdruckpumpen drücken das Wasser vollends in die Kessel[1]).

In Deutschland besteht in letzter Zeit eine gewisse Neigung, bei Höchstdruckdampf Sektionalkessel gegenüber Steilrohrkesseln zu bevorzugen und überhaupt Sektionalkessel in ausgedehnterem Maße als bisher zu verwenden. Sektionen sind für Massenfabrikation zweifellos bestens geeignet, geben einen elastischen Kessel, gestatten mit wenigen Modellen, die auf Vorrat angefertigt werden können, Kessel der verschiedensten Heizfläche herzustellen und verlangen nicht die scharf kontrollierte Herstellung wie große durchgehende Wasserkammern. Zum Beispiel ist die Firma Borsig zum Bau von Sektionalkesseln übergegangen, und eine ähnliche Absicht wird auch von einigen anderen Fabriken erwogen.

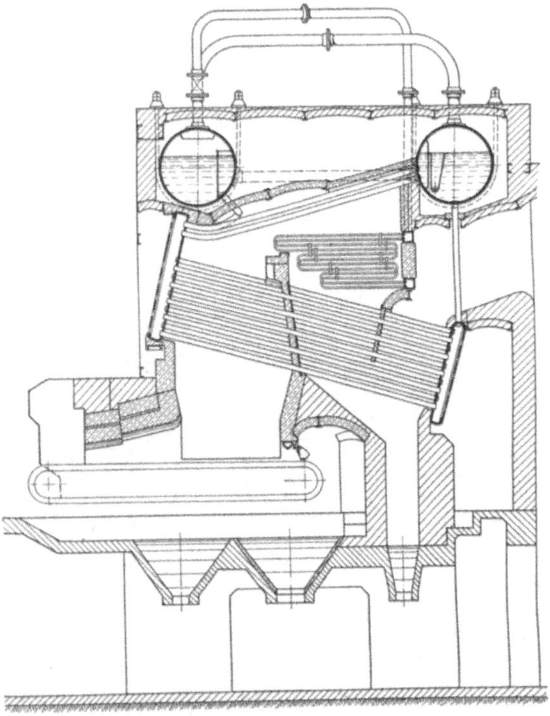

Abb. 32. Zweikammerwasserrohrkessel für hohe Drücke der Firma L. u. C. Steinmüller, Gummersbach.

Beachte: Kesseltrommeln sind vor Berührung durch heiße Gase völlig geschützt. Wasserkammern sind durch zahlreiche elastische Rohre unter Vermeidung starrer, gekümpelter Hälse an querliegende Obertrommeln angeschlossen. Art der Dampfentnahme.

Borsig hat Sektionen, die für 40 at bestimmt sind, einer Wasserdruckprobe unterworfen. Bis 250 at trat weder eine Formänderung noch ein Undichtwerden ein. Bei Kesseldrücken über 40 at versieht Borsig die Sektionen mit Eindrücken, damit sie trotz kleiner Wandstärke recht steif werden, und legt überhaupt auf tunlichste Vermeidung von Materialanhäufungen innerhalb des Bereiches der Rauchgase großen Wert.

[1]) Münzinger: Leistungssteigerung S. 117ff.

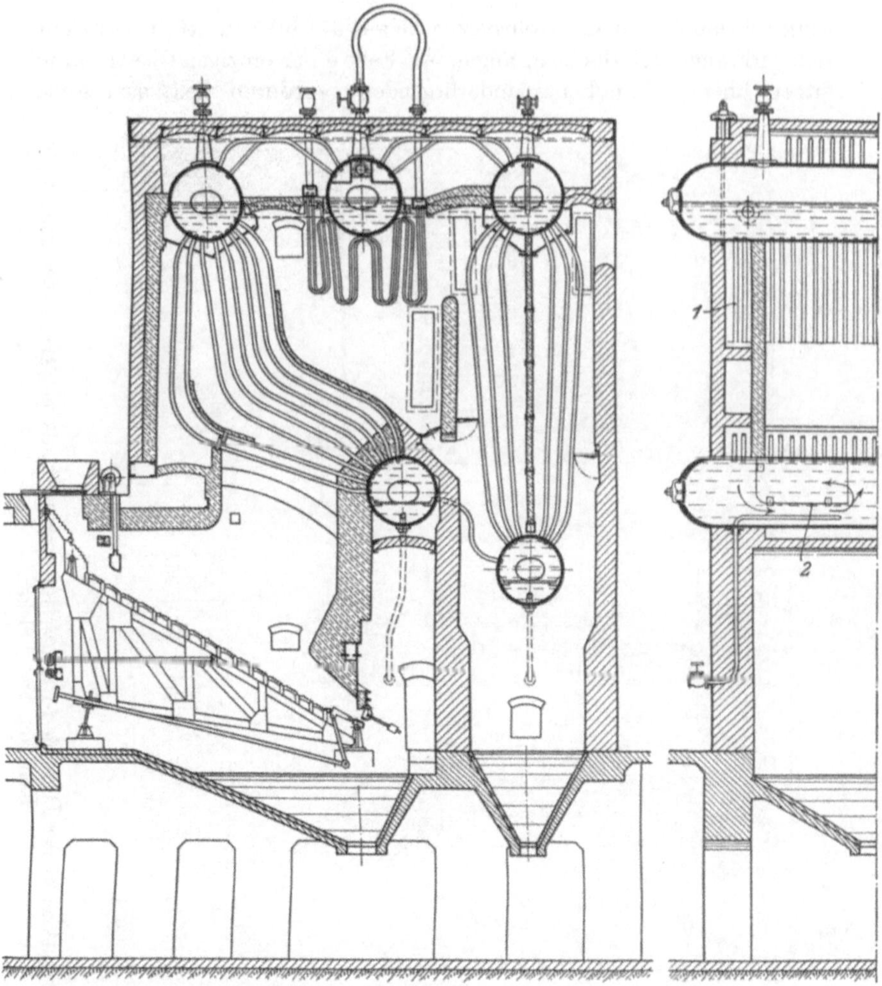

Abb. 33 u. 34. Höchstdrucksteilrohrkessel mit mechanischem Vorschubrost für Braunkohle der Firma L. u. C. Steinmüller, Gummersbach.
1 = seitliche Fallrohre, *2* = Führungsbleche für niederströmendes Wasser aus *1*.
Beachte: Kesseltrommeln sind der Beheizung durch heiße Rauchgase entzogen. Stagnieren kalter Wassermassen auf dem Boden der Untertrommeln und dadurch verursachte Temperaturunterschiede während des Anheizens werden durch Führungsbleche *2* verhindert.

Abb. 30 u. 42 bis 45 zeigen amerikanische Entwürfe für Höchstdruckkessel. Bei dem für 70 at bemessenen Kessel der Power Specialty Co. bestehen die Kessel- und Ekonomiserrohre aus 2zölligen nahtlosen Stahlrohren von insgesamt 92,9 bzw. 76,5 m² reiner Rohroberfläche. Mit Ausnahme der 4 untersten Reihen sind auf die Rohre gußeiserne Rippenringe aufgeschrumpft, die die Rohrheizfläche auf 371 m² bzw. 460 m² tatsächlich wirksamer Heizfläche erhöhen. An Stelle einer einzigen Obertrommel sitzen über je 2 nebeneinanderliegenden, vorderen Sektionen senk-

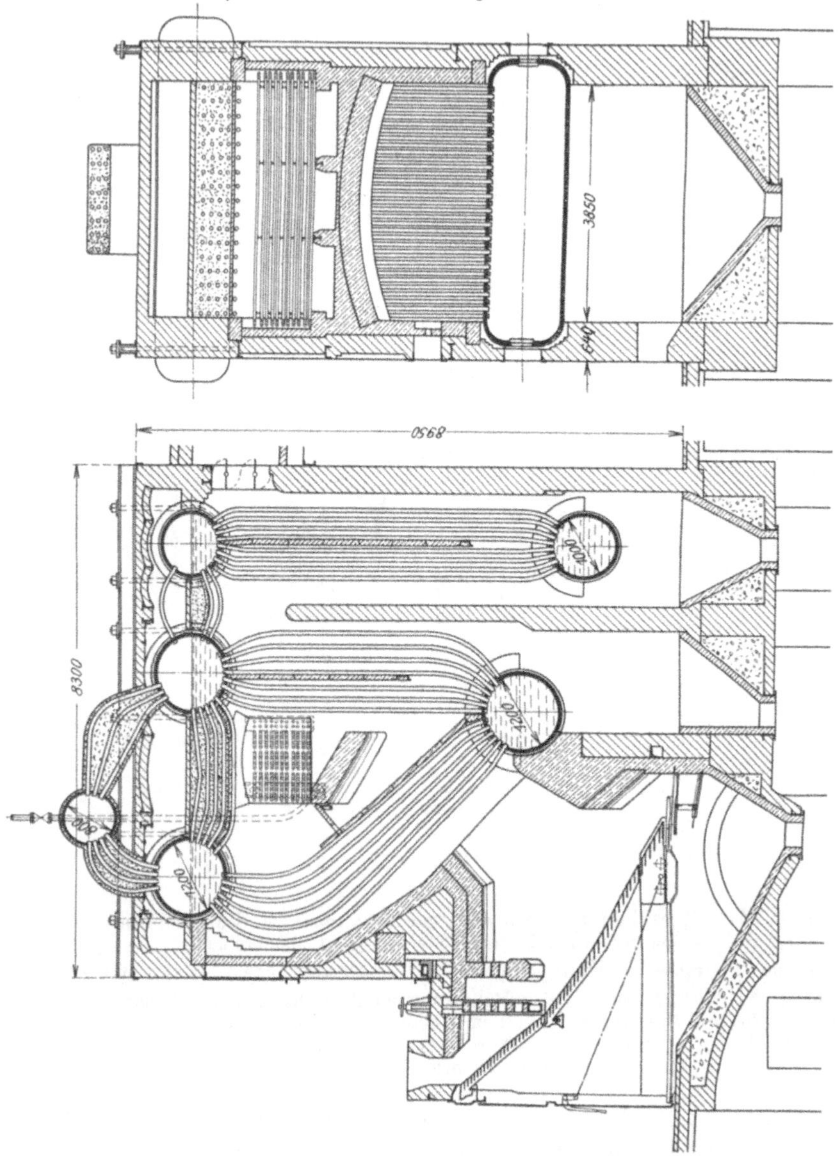

Abb. 35 u. 36. Höchstdruckkessel der Düsseldorf-Ratinger Röhrenkesselfabrik mit Halbgasfeuerung von Keilmann und Völcker.

rechte Sammelgefäße, aus denen das Wasser in die eine Sektion niederströmt. Diese Sektion ist mit der danebenliegenden durch haarnadelförmige, geneigte Rohrelemente verbunden, durch welche der Wasser-

umlauf erfolgt. Einsätze in den Wasserrohren pressen Wasser und Dampf in einem engen Ringquerschnitt an die Rohrfläche heran, Abb. 44. Es ist jedoch m. E. zu befürchten, daß sie den Reibungswiderstand in den Rohren zu sehr erhöhen und ausreichenden Wasserumlauf gefährden[1]).

Für das Calumet-Kraftwerk der Commonwealth Edison Co. in Chikago ist Anfang 1923 bei Babcock & Wilcox ein Kessel für 84 at be-

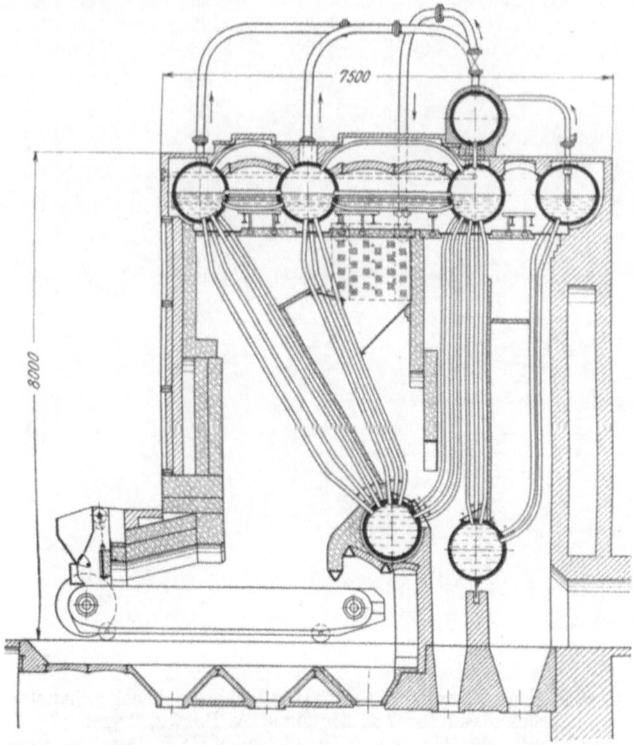

Abb. 37. Höchstdruckkessel von K. u. Th. Möller, Brackwede.
Beachte: Kesseltrommeln sind der Beheizung durch heiße Gase völlig entzogen.

stellt worden, der gewissermaßen zu einem ersten Versuch im großen dienen soll, Abb. 45. Der Dampf von 400° C expandiert in einer besonderen Hochdruckturbine bis auf 21 at, wird dann in einem, in den Höchstdruckkessel eingebauten Überhitzer von neuem überhitzt und endlich dem Dampf aus den vorhandenen Kesseln beigemischt[2]). Der Höchstdruckkessel hat folgende Hauptabmessungen:

---

[1]) Münzinger: Amerikanische Dampfkessel S. 102ff.
[2]) Power 1923, S. 838.

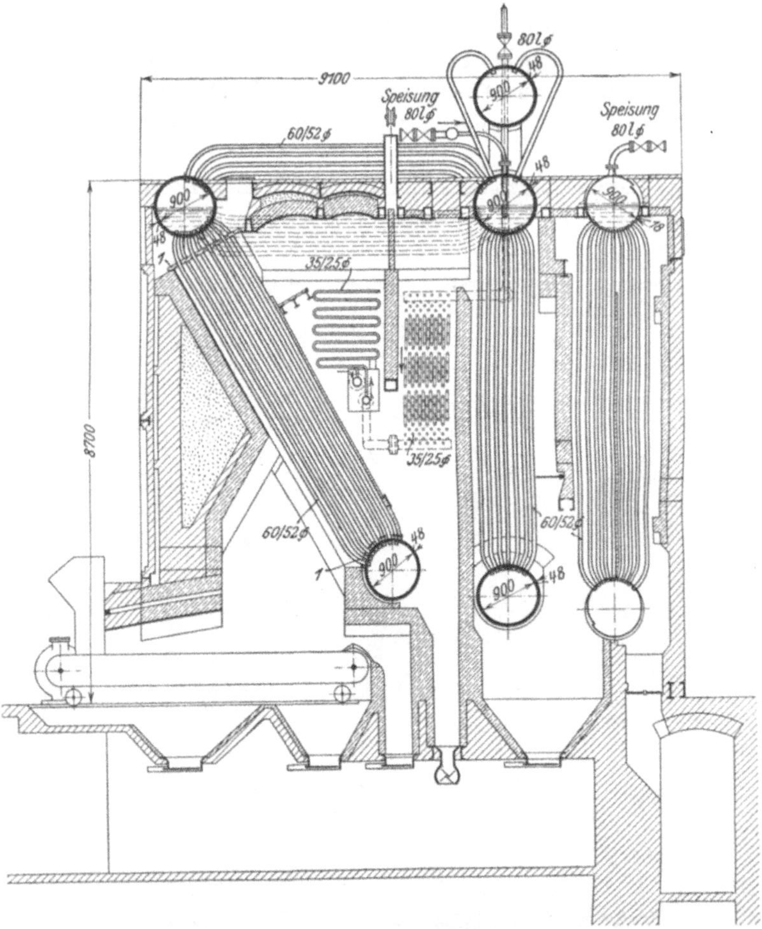

Abb. 38. 60 at-Steilrohrkessel von 300 m² Heizfläche mit nachgeschaltetem Niederdruckkessel für 2 at der Firma A. Borsig, Tegel.
Beachte: *1* = Schutz der Ober- und Untertrommeln vor Berührung durch heiße Rauchgase. Zweiteiliger Überhitzer. Einschaltung eines Niederdruckkessels in die Abgase des Höchstdruckkessels.

Heizfläche des Kessels	m²	**1465**
„ „ Hochdruck-Überhitzers	m²	**197**
„ „ Niederdruck-Überhitzers	m²	**306**
„ „ Ekonomisers	m²	**860**
Gesamte Kesselbreite	mm	**11 000**
Durchmesser der Wasserrohre	mm	**50,4**
Länge der Wasserrohre	mm	**4500**
Wandstärke der Sektionen	mm	**32/16**
Obertrommel: Wandstärke	mm	**100**
Durchmesser	mm	**1220**
hergestellt aus	geschmiedetem	**Stahl**
Ekonomiserrohre: Länge	mm	**6000**
Durchmesser	mm	**50,4**

Im Weymouth-Kraftwerk der Edison Electric Illuminating Co. in Boston, das für insgesamt 300 000 kW ausgebauter Leistung vorgesehen ist, werden zunächst zwei 32 000 kW-Turbinen und eine 3 stufige 2500 kW-Höchstdruckturbine aufgestellt, die den Höchstdruckdampf von 70 at und 370° C bis auf etwa 26 at ausnützt. Er wird dann vor seinem Eintritt in die 32 000-kW-Turbinen in einem ganz ähnlich wie in Abb. 45 angeordneten Zwischenüberhitzer wieder auf 370° C erhitzt. Der für 84 at gebaute Höchstdruckkessel soll mit 70 at betrieben werden, seine stündliche Dampferzeugung beträgt rund 50 000 kg, seine Heizfläche rund 1350 m². Die normale Leistung der Höchstdruckturbine wird zu 2000 kW angegeben[1]).

Beide Kessel werden von Babcock & Wilcox nach eingehenden Studien an zwei Versuchskesseln gebaut. Der erste bestand aus einer Anzahl hintereinandergeschalteter, haarnadelförmig gebogener, zweizölliger Rohrschleifen ohne jede Trommel. Er wurde nicht mit Rücksicht auf gute Wärmeausnutzung, sondern lediglich in der Absicht gebaut, den Wasserumlauf und einige andere wichtige Einzelheiten zu erforschen[2]). Der zweite Kessel hatte im Gegensatz zum ersten einen Wasserraum. Die Rohre des eigentlichen Kessels hatten 2″, die des Ekonomisers 1″ Durchmesser. Es betrug:

Kesselheizfläche	m²	17,3
Überhitzerheizfläche	m²	47
Ekonomiserheizfläche	m²	63,5
Kesseldruck	at	42

Die von seinem Konstrukteur, Dr. Jacobus, geäußerte Ansicht, daß der Bau von Kesseln in ganz andere Bahnen gelenkt und viel einfacher werden würde, wenn es gelänge, völlig dichte Kondensatoren herzustellen und Eindringen von nicht destilliertem Wasser in die Kessel sicher zu vermeiden, deckt sich mit der vom Verfasser an anderer Stelle vertretenen Auffassung[3]). Es ist interessant, daß sich auch ein so bedeutender Ingenieur wie Baurat Wilhelm Schmidt vergeblich bemüht hat, einen marktfähigen Höchstdruckkessel aus Rohrschlangen zu bauen[4]). Unreines Wasser und der Zwang, die Wasserzufuhr der Dampferzeugung in jedem Augenblick genau anzupassen, stellten sich aber u. a. als unüberwindliche Schwierigkeiten heraus.

Zur Zeit werden in Deutschland eine größere Zahl von Steilrohr- und von Sektionalkesseln bis zu 600 m² Heizfläche für chemische Fabriken und Kohlengruben mit Drücken von 30 bis 36 at ausgeführt; ein von A. Borsig gebauter, für eine 800-PS-Dampfmaschine bestimmter 300 m² Kessel für 60 at soll in kurzem in Betrieb kommen[5]).

[1]) Power 1923, S. 43. [2]) Power 1923, S. 587.

[3]) Münzinger: Amerikanische Dampfkessel S. 106, und Leistungssteigerung S. 146.

[4]) Z. V. d. I. 1921, S. 664. [5]) Z. V. d. I. 1923, S. 1145.

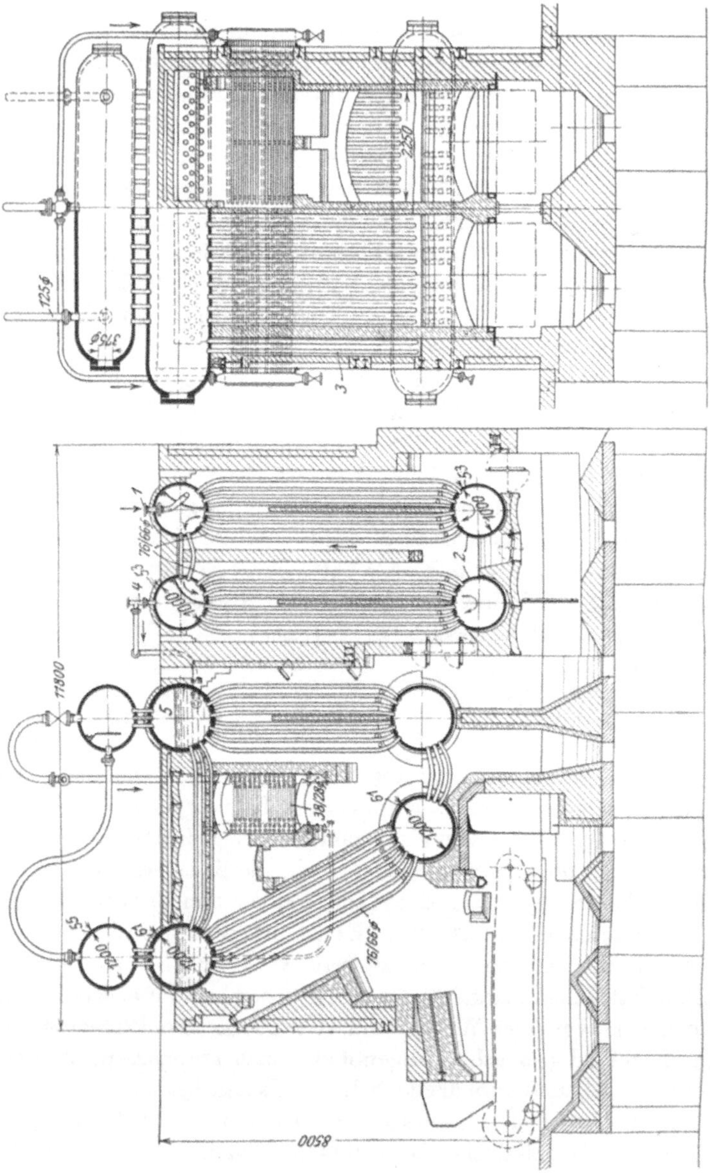

f) Armaturen und Rohrleitungen[1]).

Armaturen und Rohrleitungen müssen bei Höchstdruckdampf besonders sorgfältig durchgebildet werden. Normale Wasserstandsanzeiger sind nicht mehr brauchbar, da sich ihre langen Gehäuse leicht werfen und ein nicht ganz gleichmäßiges Anziehen der Schrauben zu

[1]) Seiffert: Z. d. V. d. I. 1923, S. 1140 ff.

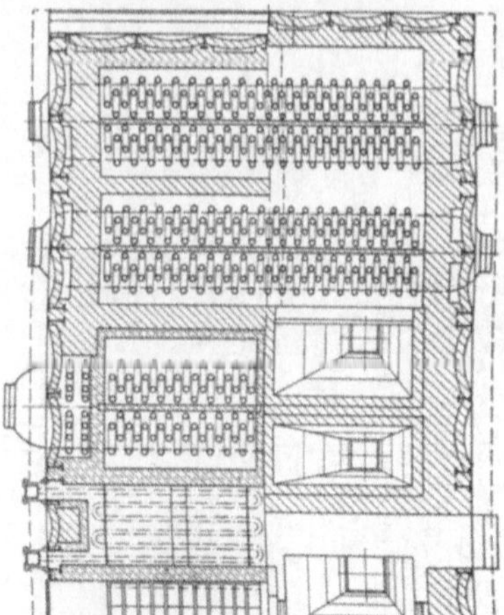

Abb. 39 bis 41. 60 at-Steilrohrkessel von 375 m² Heizfläche für Dampf von 425° C der Firma Walther u. Co. in Cöln-Dellbrück mit schmiedeeisernem Viertrommel-Ekonomiser von 400 m² Heizfläche.

1 = Speisewassereintritt in Ekonomiser, 2 = Untertrommeln des Ekonomisers, 3 = seitliche Fallrohre zwischen oberen und unteren Kesseltrommeln, *4* = Austritt des Speisewassers aus Ekonomiser.

Beachte: Lange Rauchgaswege.

einem Bruch der flachen, langgestreckten Schaugläser führt. Glasröhren scheiden überhaupt aus. Dazu kommen noch die hohen Materialbeanspruchungen, denen die Gläser beim Abblasen der Wasserstände ausgesetzt sind. Beim Apparat von Schumann & Co. ist der eine lange Glasstreifen in eine Reihe runder Schaugläser von sehr großer Härte und chemischer Widerstandsfähigkeit aufgelöst, die auf der Rückseite die bekannten Reflektionsriefen der Klingerschen Gläser haben. Sie sind neben- und untereinander angeordnet, derart, daß sie sich in der Höhe etwas überdecken. Der Wasserstand kann daher in jeder Lage beobachtet werden. Hähne sind bei sehr hohen Drücken nicht mehr brauchbar, weil sie sehr schwer zu verstellen sind und auf die Dauer nicht dichthalten. Statt ihrer werden Klappenverschlüsse oder Ventile verwendet. Sitz und Kegel bestehen aus Reinnickel und sind leicht auswechselbar, das Betätigungsgewinde der Spindeln ist nach außen verlegt und dem Angriff von Dampf und Wasser entzogen.

Der von Baurat W. Schmidt angegebene Wasserstandsregler arbeitet als kommunizierendes U-Rohr, dessen Schenkel mit Quecksilber gefüllt ist und soll sich gut bewährt haben[1]).

Gleichgültig, ob es sich um Wasser- oder Dampfventile handelt, sollten Ventilsitz und Kegel leicht auswechselbar und aus einem Stoffe hergestellt sein, der die hohen Beanspruchungen gut verträgt. Statt Reinnickel scheint für Dampfventile ein nicht rostender Sonderstahl WT 2 von Krupp besonders geeignet zu sein, weil er im Gegensatz zu Nickel nahezu dieselbe Wärmeausdehnungszahl wie Stahlguß hat. Ein Lockern der

[1]) Hartmann: Z. V. d. I. 1921, S. 664ff.

Ringe ist daher nicht zu befürchten. Für die Sitze von Kesselablaßventilen, Abb. 51, wird Reinnickel oder nicht rostender Kruppscher V 2 A-Stahl empfohlen[1]). Wie noch später gezeigt werden wird, sollte bei Höchstdruckdampf der Widerstand der Dampfleitungen möglichst klein sein. Wegen der hohen Kosten muß aber auch auf geringen Durchmesser der Leitungen geachtet werden, deshalb dürften für wichtige Leitungen nur selbstdichtende Schieber mit glattem Durchgang in Frage kommen. Der Dampf soll die Schieberplatte auf ihren Sitz pressen. Andererseits können sehr große Beanspruchungen in die Gehäuse kommen, wenn ein in kaltem Zustand fest geschlossener Schieber erhitzt wird, weil die inneren Teile sich schneller ausdehnen als das Gehäuse. Entweder geht hierdurch letzteres zu Bruch, oder aber können die Schieber nur noch mit Gewalt geöffnet werden. Wichtig ist ferner, daß bei solchen Schiebern gleitende Reibung vermieden wird, weil dadurch die Dichtungsflächen angefressen werden. Die Schieber sollten daher so konstruiert sein, daß vor ihrem Bewegen eine Dampfumführung selbsttätig und zwangsläufig geöffnet wird, Abb. 54 bis 56. Höchstdruckventile, welche gegen den Dampfdruck dichten, können höchstens bis 80 mm Durchmesser verwendet werden, weil sonst ein Mann den erforderlichen Dichtungsdruck nicht mehr sicher aufbringen kann. Die Gehäuse werden aus bestem Siemens-Martin-Stahl mit hoher Festigkeit und hohem Deh-

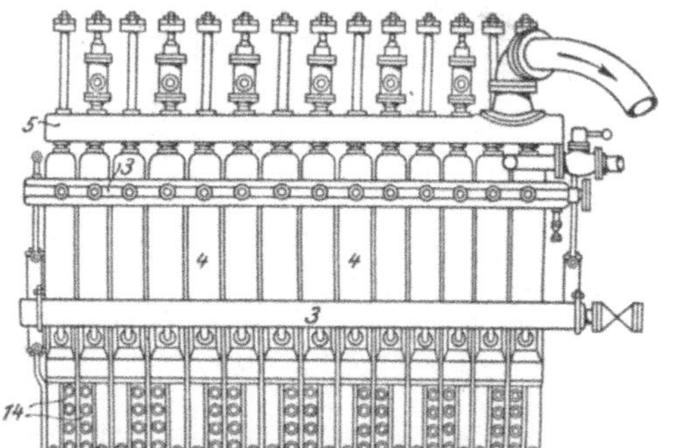

Abb. 42 u. 43. Kessel für 70 at der Power Specialty Co.
1 = Speisewassereintritt in Ekonomiser,
2 = Speisewasseraustritt aus Ekonomiser,
3 = Speisewasserventilrohr, *4* = Speisewassereintritt in Sammler, *5* = Sammler,
6 = Ekonomiser, *7* = ***RHA*** - Foster - Über-
11 = luftgekühlte feuerfeste Steine,
Wasserrohren, ***14*** = Sektionen für Abströmen
A = Verbindungskopf zweier zusammen-
Beachte: Vermeiden jeglicher Teile grö-
Kessel hat nur einen

[1]) Seiffert: Z. V. d. I. 1923, S. 1140ff.

nungskoeffizienten gegossen. Bei hoher Überhitzung werden voraussichtlich Metallpackungen an die Stelle weicher Packungen treten müssen. Erwünscht sind Schieberkonstruktionen, bei denen sich die Spindel in der Stopfbüchse nicht dreht, sondern nur verschiebt, und bei denen das Betätigungsgewinde der Einwirkung von Wasser und Dampf entzogen ist, Abb. 54 bis 56. Wie in Abschnitt Va gezeigt werden wird, haben die Baustoffe für Dampfleitungen bei den in Frage kommenden Dampftemperaturen erheblich schlechtere Festigkeitseigenschaften als bei Zimmertemperatur. Infolgedessen muß die Wandstärke sehr reichlich bemessen und die Anordnung so getroffen werden, daß in die Leitungen keine Zwängungen hineinkommen. Abzweige sollten daher mit elastischem Bogen angeschlossen werden. Außerdem ist durch zweckmäßig angeordnete Festpunkte und geeignete Kompensatoren

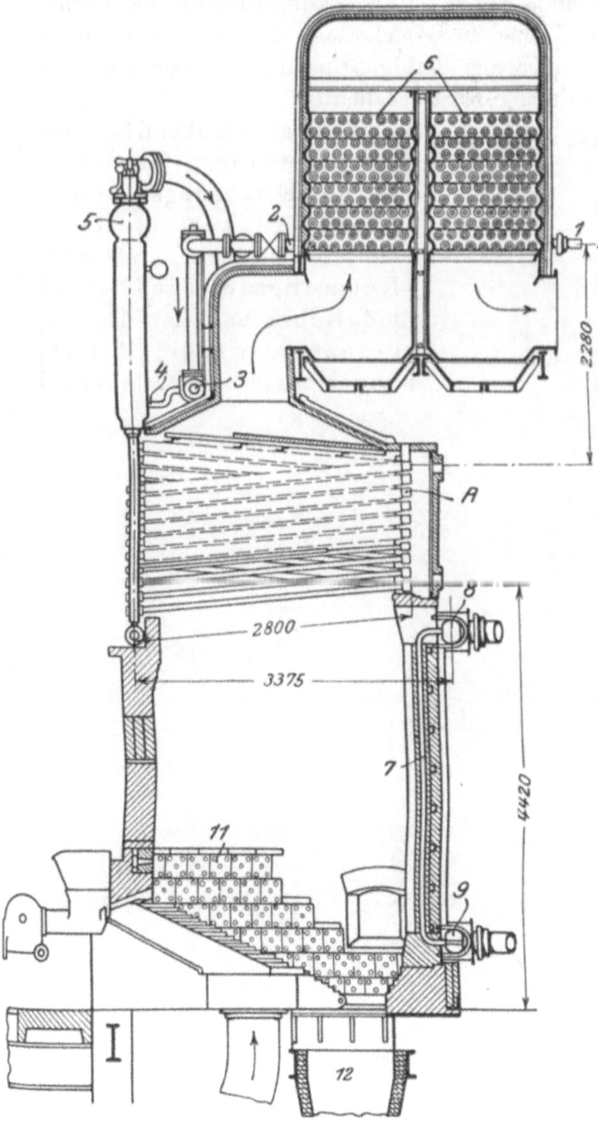

hitzer, *8* = Überhitzereintritt, *9* = Überhitzeraustritt, *12* = Schlackenfall, *13* = Sektionen für Zulauf zu den des Dampfwassergemisches aus den Wasserrohren, gehöriger Wasserrohre (siehe Abb. 44).
ßeren Durchmessers. Kleine Länge der Wasserrohre. Zug. Lage des *RHA*-Überhitzers.

für eine tunlichst ungehinderte Ausdehnungsmöglichkeit der Leitungen zu sorgen, Abb. 57. Bei der Flanschverbindung in Abb. 58 sind die Flanschen mit Feingewinde auf die Rohre aufgeschraubt, die Dichtung erfolgt durch einen Ring aus Weicheisen, das sich stärker ausdehnt als der es umschließende Stahlgußring und deshalb mit zunehmender Temperatur immer besser abdichtet.

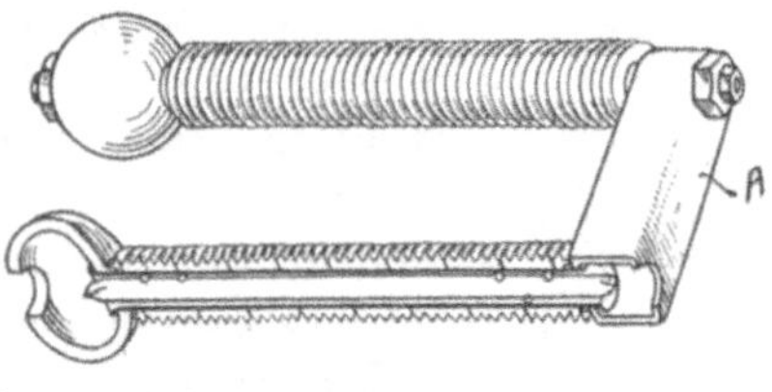

Abb. 44. Wasserrohrelement mit Verbindungskopf *A* für den 70 at-Kessel in Abb. 42 u. 43.

Wenngleich über Höchstdruckleitungen fast noch keine Erfahrungen vorliegen, so wäre es doch sehr erwünscht, daß der Normungsausschuß sich möglichst bald mit ihnen befassen würde, damit durch unsachgemäße Aus-

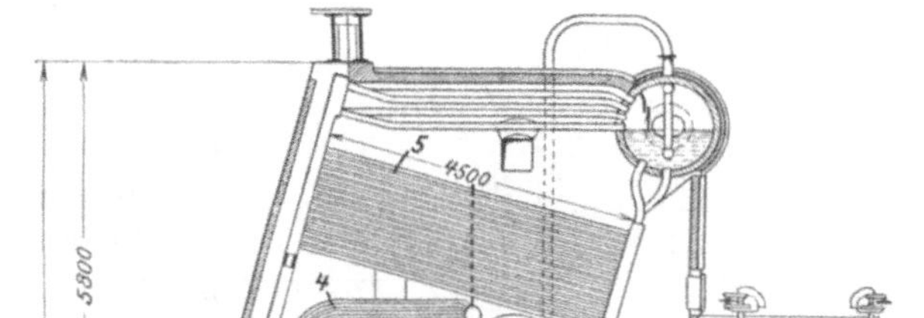

Abb. 45. Amerikanischer 1465 m²-Babcock u. Wilcox-Höchstdruck-Kessel für 84 at u. 400° C Dampftemperatur im Calumet-Kraftwerk mit Überhitzer u. Zwischenüberhitzer. *1* = Feuerraum, *2* = unteres Bündel von Wasserrohren, *3* = Höchstdrucküberhitzer, *4* = Zwischenüberhitzer, *5* = oberes Bündel von Wasserrohren, *6* = Schmiedeisenekonomiser, *7* = feuerfeste, mit dem Kesselgerüst verankerte Formsteine.

Beachte: Einbau von 3 u. 4. Kessel hat nur zwei Züge. Sehr hoher Feuerraum.

führungen oder durch die Uneinheitlichkeit der einzelnen Teile einer Anlage die Einführung von Höchstdruckanlagen nicht erschwert wird.

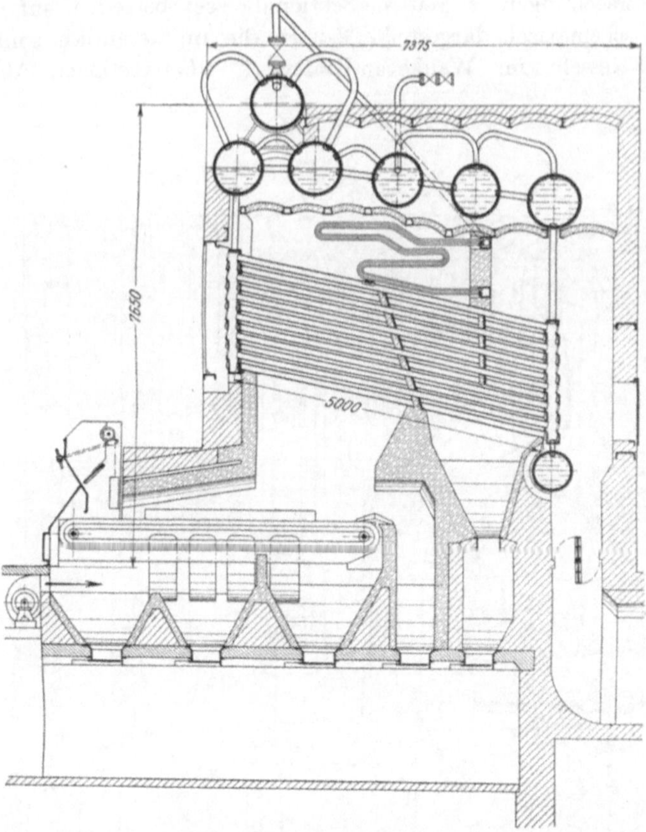

Abb. 46. 100 at-Sektionalkessel von 400 m² Heizfläche für Dampf von 420° C der Firma A. Borsig, Tegel.
Beachte: Kesseltrommeln sind der Einwirkung der heißen Rauchgase völlig entzogen. Gegenüber bisheriger deutscher Praxis erhöhte Anzahl der übereinander liegenden Wasserrohrreihen.

IV. Das betriebsmäßige Verhalten von Höchstdruckkesseln.

a) Allgemeines.

Da noch keine praktischen Erfahrungen an Höchstdruckkesseln vorliegen, mußte bei den folgenden Betrachtungen zum Teil von Analogien bei Kesseln für normale Drücke ausgegangen und versucht werden, unter Zuhilfenahme bewährter Rechnungsverfahren auf das Verhalten bei sehr hohen Dampfspannungen zu schließen. Mit Ausnahme von Ausführungen ganz allgemeiner Art beziehen sich die folgenden Untersuchungen, soweit sie Sektionalkessel betreffen, auf die in Abb. 86 schematisch dargestellte Bauart, die im wesentlichen mit den Babcock-Kesseln im Waukegan-Kraftwerk übereinstimmt, Abb. 45.

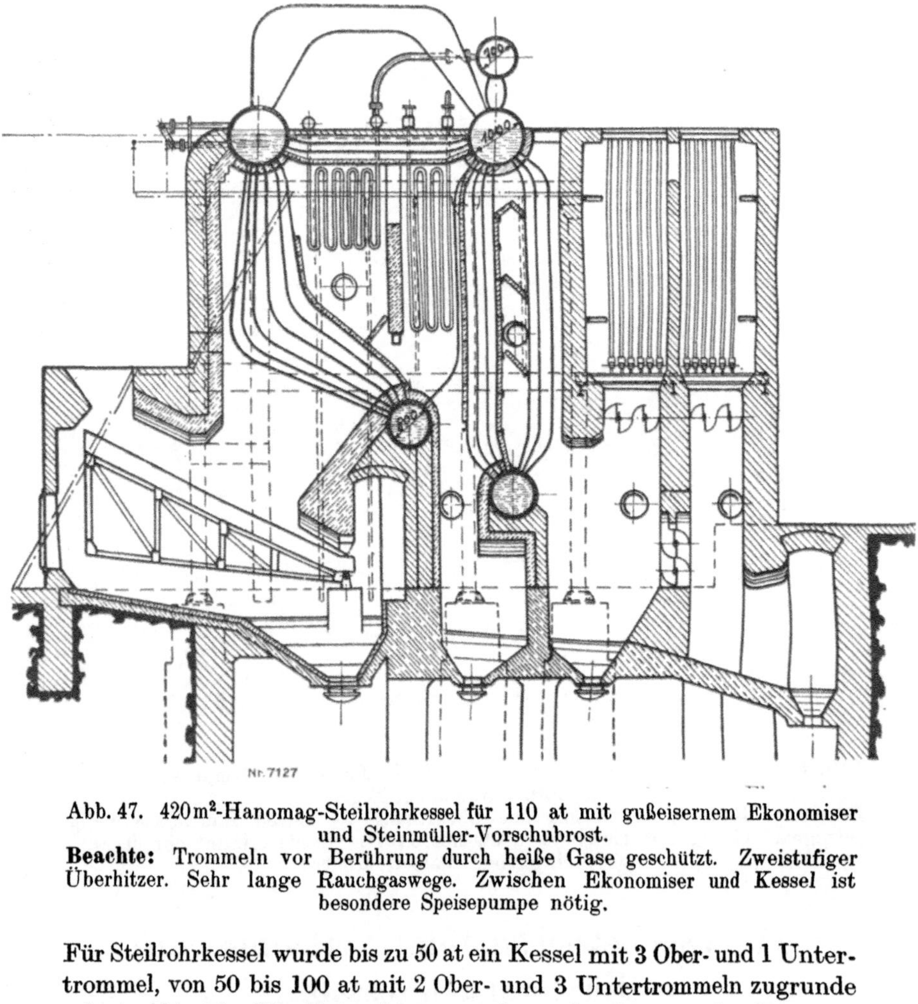

Abb. 47. $420\,m^2$-Hanomag-Steilrohrkessel für 110 at mit gußeisernem Ekonomiser und Steinmüller-Vorschubrost.

Beachte: Trommeln vor Berührung durch heiße Gase geschützt. Zweistufiger Überhitzer. Sehr lange Rauchgaswege. Zwischen Ekonomiser und Kessel ist besondere Speisepumpe nötig.

Für Steilrohrkessel wurde bis zu 50 at ein Kessel mit 3 Ober- und 1 Untertrommel, von 50 bis 100 at mit 2 Ober- und 3 Untertrommeln zugrunde gelegt, Abb. 86. Die Betrachtungen gelten also für ganz konkrete, in ihren Hauptgrößen festgelegte und ausführbare Kessel von solchen Abmessungen der Trommeln, der Rohre, des Feuerraumes usw., wie sie auf Grund ausgedehnter Erfahrung als zweckmäßig erscheinen. Die Festlegung auf ganz bestimmte Kesselmodelle bringt zwar eine gewisse Einseitigkeit mit sich, hat aber den sehr großen Vorteil, daß alle nach den verschiedensten Richtungen angestellten Untersuchungen dieser Arbeit

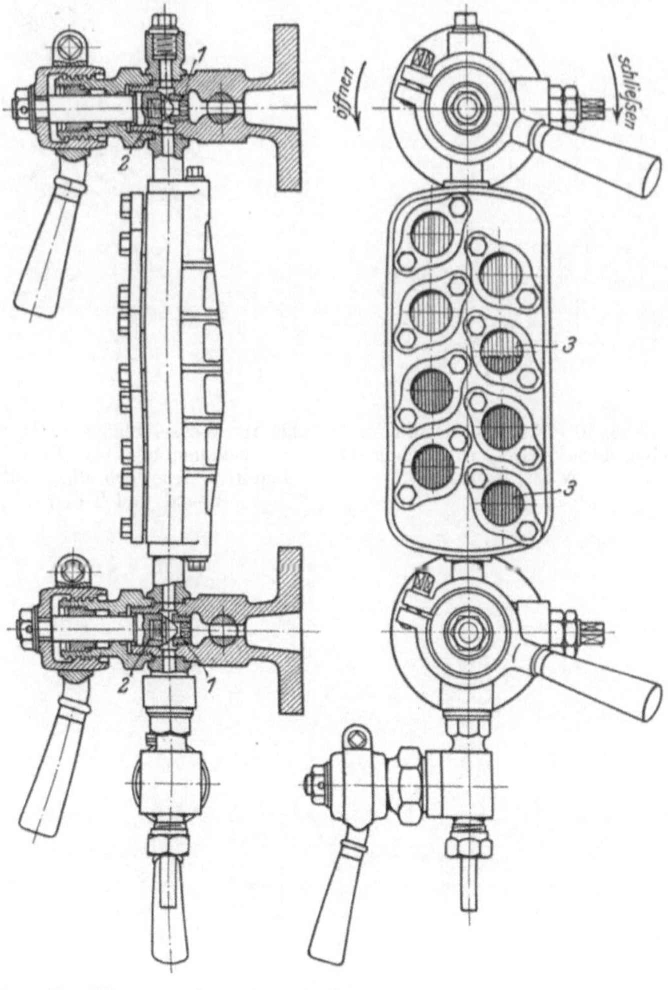

Abb. 48 u. 49. Wasserstandsanzeiger für Höchstdruckkessel von Schumann & Co., Leipzig.
1 = auswechselbarer Ventilsitz, 2 = auswechselbarer Ventilkegel, 3 = runde Schaugläser.
Beachte: Auflösung des schmalen, langen Schauglases normaler Wasserstände in mehrere, einander in der Höhe teilweise überdeckende runde Gläser.

von derselben Grundlage ausgehen und daher unter sich und mit praktischen Verhältnissen so gut übereinstimmen, als es nach Lage der Dinge überhaupt möglich ist.

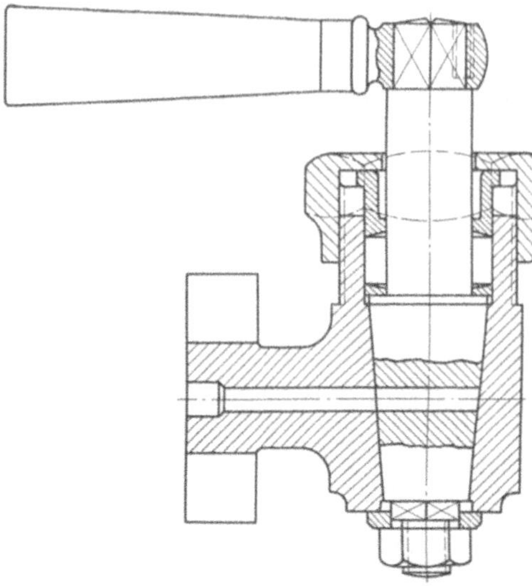

Abb. 50. Manometerhahn für Höchstdruckkessel von Schumann & Co., Leipzig.

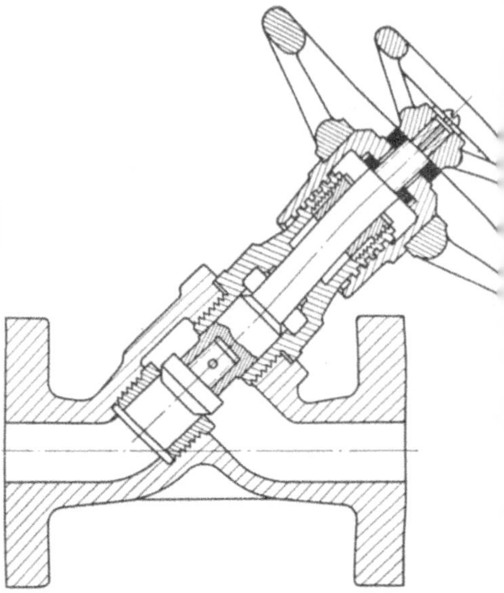

Abb. 51. Kesselablaßventil für 60 at von Schumann & Co., Leipzig. **Beachte:** Auswechselbare Sitze von Ventil und Teller.

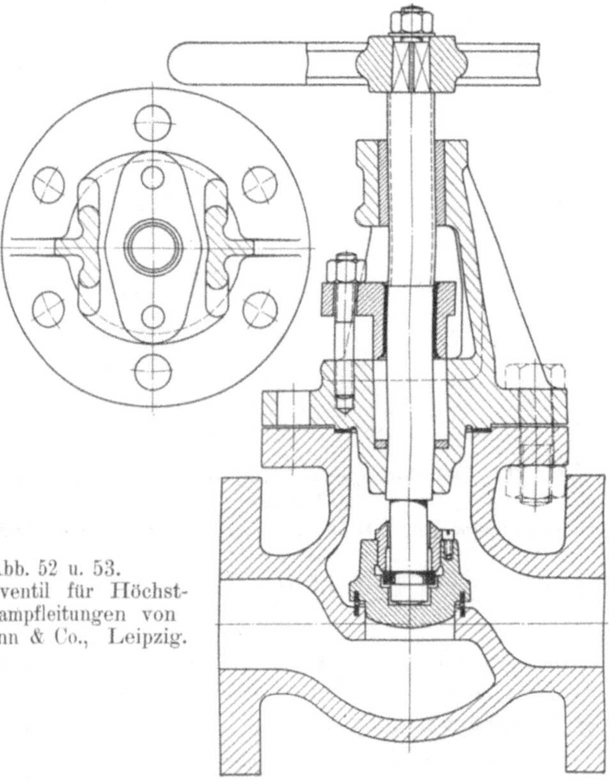

Abb. 52 u. 53. Absperrventil für Höchstdruckdampfleitungen von Schumann & Co., Leipzig.

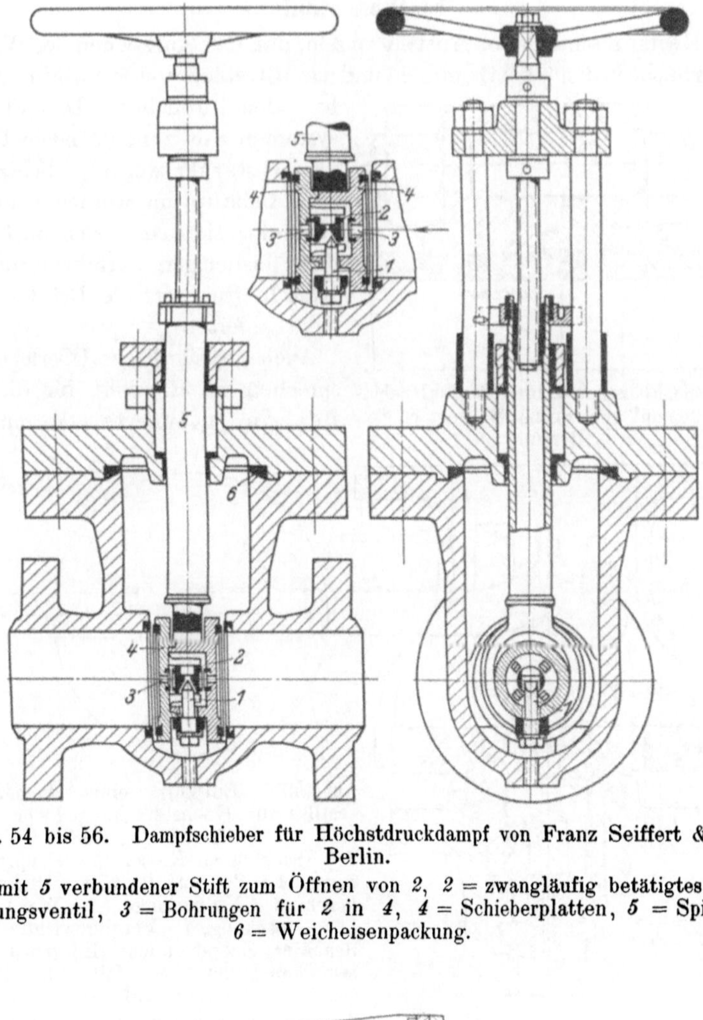

Abb. 54 bis 56. Dampfschieber für Höchstdruckdampf von Franz Seiffert & Co., Berlin.

1 = mit *5* verbundener Stift zum Öffnen von *2*, *2* = zwangläufig betätigtes Umführungsventil, *3* = Bohrungen für *2* in *4*, *4* = Schieberplatten, *5* = Spindel, *6* = Weicheisenpackung.

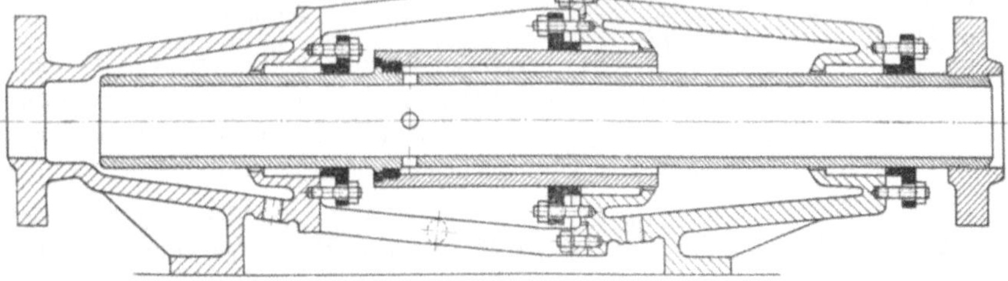

Abb. 57. Rohrkompensator für Höchstdruckdampf von Franz Seiffert & Co., Berlin.

b) Wasserumlauf.

Benson scheint der Ansicht zu sein, daß das Aufkochen der Wasseroberfläche in den Obertrommeln und das Mitreißen von Wasser im Dampf bei den üblichen Dampfkesselsystemen mit zunehmendem Druck immer stärker werde[1]). Belege für diese Behauptung werden nicht beigebracht, sie lassen sich m. E. aus den bisherigen Erfahrungen an Kesseln für normale Drücke auch nicht ableiten.

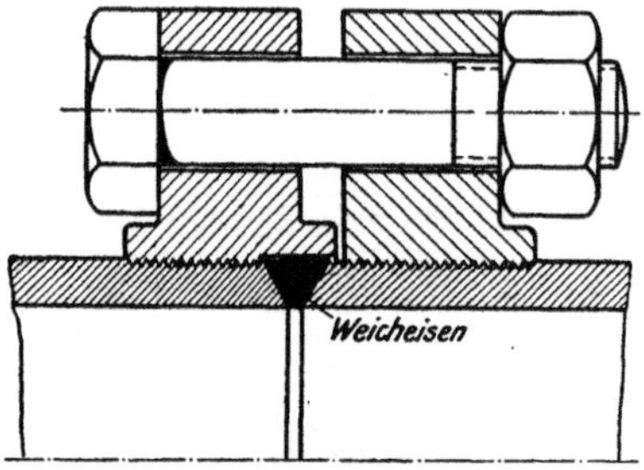

Abb. 58. Flanschenverbindung für Höchstdruckdampf von Franz Seiffert & Co., Berlin.

Auch physikalische Überlegungen sprechen m. E. nicht für die von Benson geäußerte Vermutung.

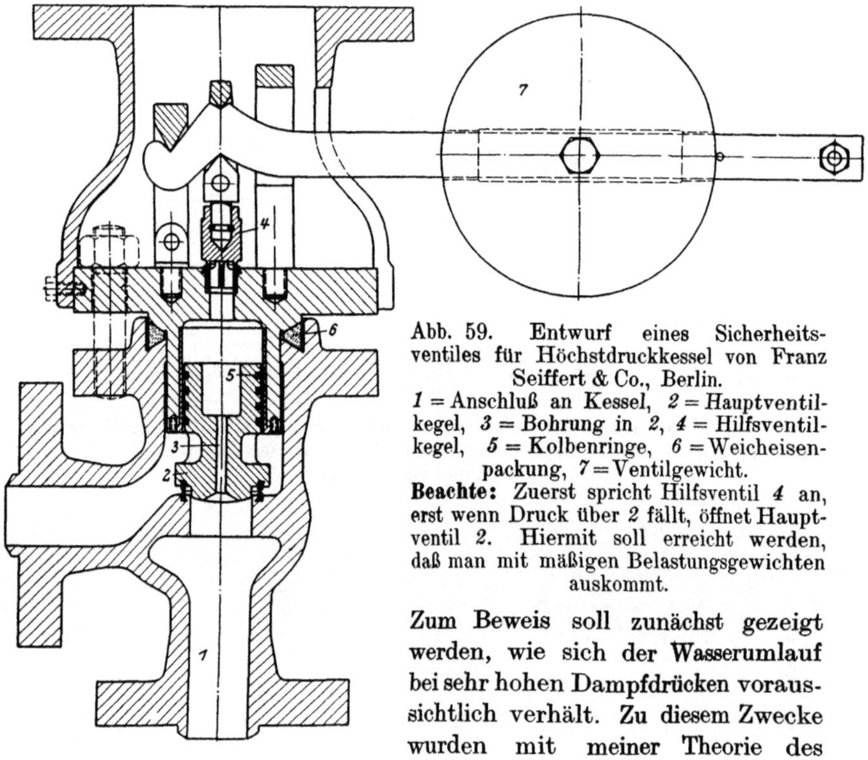

Abb. 59. Entwurf eines Sicherheitsventiles für Höchstdruckkessel von Franz Seiffert & Co., Berlin. *1* = Anschluß an Kessel, *2* = Hauptventilkegel, *3* = Bohrung in *2*, *4* = Hilfsventilkegel, *5* = Kolbenringe, *6* = Weicheisenpackung, *7* = Ventilgewicht. **Beachte:** Zuerst spricht Hilfsventil *4* an, erst wenn Druck über *2* fällt, öffnet Hauptventil *2*. Hiermit soll erreicht werden, daß man mit mäßigen Belastungsgewichten auskommt.

Zum Beweis soll zunächst gezeigt werden, wie sich der Wasserumlauf bei sehr hohen Dampfdrücken voraussichtlich verhält. Zu diesem Zwecke wurden mit meiner Theorie des Wasserumlaufes[2]) für ein mit 200 000 $kcal\,m^{-2}h^{-1}$, also sehr hoch belastetes, 6 m langes, senkrechtes Steigrohr eines Steilrohrkessels von

[1]) Power 1923, S. 796 u. 842.

[2]) Münzinger: Leistungssteigerung von Großdampfkesseln S. 64ff.

50 mm lichtem Durchmesser unter der Voraussetzung, daß das zugehörige, nicht beheizte Fallrohr dieselben Abmessungen hat, für Drücke von 10 bis 100 at folgende Größen ermittelt:

1. Die Geschwindigkeit v_1 in $\mathrm{m\,sec^{-1}}$ des in das Steigrohr eintretenden Wassers;

2. die Geschwindigkeit v_2 in $\mathrm{m\,sec^{-1}}$ des aus dem Steigrohr austretenden Dampfwassergemisches;

3. der Wassergehalt w_2 in Raumteilen des aus dem Steigrohr austretenden Dampfwassergemisches.

Die Lebensdauer der Wasserrohre hängt bekanntlich letzten Endes vom Wassergehalt des austretenden Dampfwassergemisches ab, weil mit zunehmendem Dampfgehalt die Kühlwirkung auf die beheizte Rohrwand immer kleiner wird und ein Durchbrennen mehr und mehr zu befürchten ist.

Abb. 60 zeigt, daß v_1 sich mit zunehmendem Druck nur wenig ändert; es beträgt bei 10 at rund 1,73 $\mathrm{m\,sec^{-1}}$, bei 50 at rund 1,8 $\mathrm{m\,sec^{-1}}$ und bei 100 at rund 1,67 $\mathrm{m\,sec^{-1}}$. Im Gegensatz zu v_1 nimmt die Austrittsgeschwindigkeit v_2 mit steigendem Druck schnell von 12 $\mathrm{m\,sec^{-1}}$ bei 10 at auf 2,6 $\mathrm{m\,sec^{-1}}$ bei 100 at ab, weil der Wassergehalt w_2 mit wachsendem Dampfdruck schnell anwächst, und zwar von 13 Raumteilen bei 10 at auf 60 Raumteile bei 100 at. Dies rührt davon her, daß infolge des bei hoher Spannung sehr geringen spezifischen Volumens von Dampf der Unterschied zwischen dem mittleren spezifischen Gewicht im Steigrohr und im Fallrohr und damit die den Wasserumlauf bewirkende Kraft weit kleiner als bei niederen Drücken ist.

Diese Zusammenhänge zeigt Abb. 61 recht deutlich, in der die Anteile der verschiedenen Widerstandshöhen im Fall- und Steigrohr an der statischen Druckhöhe $\mathfrak{h}_{Dr}$ im Fallrohr dargestellt sind. Zum besseren Verständnis sei daran erinnert, daß der Gewichtsunterschied der Flüssigkeitssäulen im Steigrohr und im Fallrohr eine Reihe von Widerständen überwinden muß. Folgt man dem Wasser von seinem Eintritt ins Fallrohr, bis es aus dem Steigrohr wieder in die Obertrommel zurückkehrt, so muß es zunächst auf die Geschwindigkeit v_1, mit welcher es das Fallrohr durchströmt, beschleunigt und der Stoßverlust am Eintritt ins Fallrohr überwunden werden. Außerdem treten folgende Verluste bzw. Widerstände auf, die alle vom Gewicht der Wassersäule im Fallrohr überwunden werden müssen: Reibungsverluste im Fallrohr und Stoßverluste an seinem Ein- und Austritt (die Summe der Verluste im Fallrohr ist in Abb. 61 in die Größe $\Sigma\mathfrak{h}$ zusammengefaßt); Stoßverlust h_{Ste} und Beschleunigungsverlust h_{Be} am Eintritt ins Steigrohr und Stoßverlust h_{Sta} an seinem Austritt; Beschleunigungsverlust h_{Bea} und Reibungsverlust h_R im Steigrohr und endlich die statische Druckhöhe h_{Dr} des Dampfwassergemisches im Steigrohr.

Nach Abb. 61 nehmen die Reibungs- und Beschleunigungsverluste im Steigrohr h_R und h_{Bea} mit zunehmendem Dampfdruck infolge des geringer werdenden spezifischen Volumens des Dampfes ab. Da aber gleichzeitig das Gewicht des Dampfwassergemisches im Steigrohr anwächst, wird die Eintrittsgeschwindigkeit des Wassers v_1 nur wenig verändert, und es ergibt sich die bereits gekennzeichnete Tatsache,

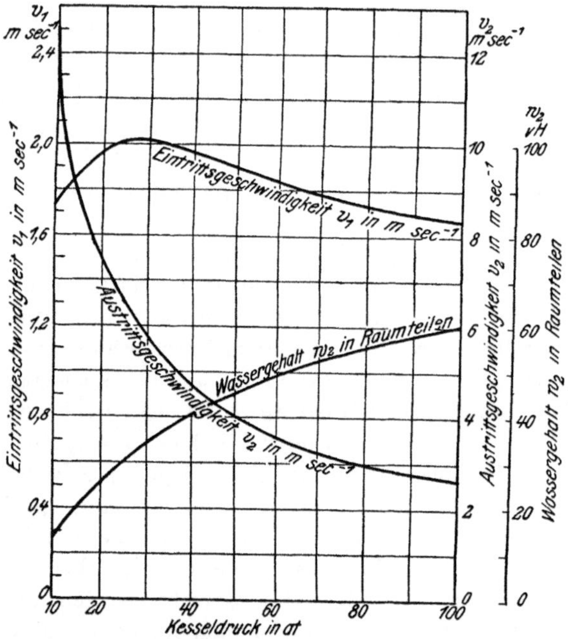

Abb. 60. Verhalten des Wasserumlaufes im Steigrohr eines Steilrohrkessels bei Kesseldrücken von 10 bis 100 at. Rohrdurchmesser = 50 mm l. W., Rohrlänge = 6 m, Heizflächenbelastung = 200000 kcal m^{-2}h^{-1}.

Beachte: v_1 ändert sich zwischen *10* und *100* at nur wenig, Wassergehalt w_2 des am oberen Rohrende austretenden Dampfwassergemisches steigt mit dem Kesseldruck schnell an. „Ungenügender Wasserumlauf" bei sehr hohen Drücken ist also nicht zu erwarten.

daß der Wassergehalt des Dampfwassergemisches im Steigrohr immer höher und seine Austrittsgeschwindigkeit in die Obertrommel immer kleiner wird.

Es spricht also nichts dafür, daß der Wasserumlauf bei sehr hoher Dampfspannung gegenüber den heutigen Drücken ungünstiger oder gar für die Lebensdauer der Wasserrohre bedrohlich wird. Man darf vielmehr aus folgendem Grunde eher das Gegenteil annehmen. Meine Theorie des Wasserumlaufes ist unter der Voraussetzung abgeleitet, daß Wasser und Dampf sich im Steigrohr gleich schnell bewegen und daß die Strömung im Steigrohr geordnet und regelmäßig ist. Beides trifft in Wirklichkeit nicht ganz zu. Von einer gewissen Höhe an wird vielmehr die Geschwindigkeit des Wassers hinter derjenigen der Dampfblasen immer mehr zurückbleiben und die Reibung mit zunehmender Turbulenz der Strömung stark wachsen. Diese Einflüsse werden sich aber bei dem hohen Dampfgehalt w_2 und den hohen Austrittsgeschwindigkeiten v_2 im Gebiete niederer Drücke stärker geltend machen als im Höchstdruckgebiet. Die Sachlage ist daher wahrscheinlich die, daß die

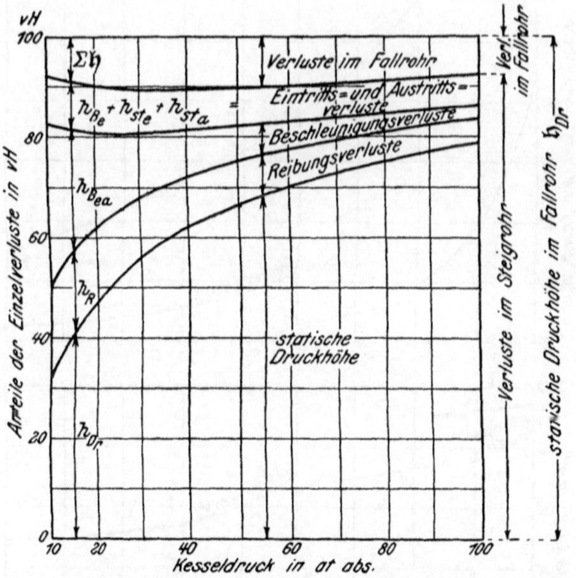

Abb. 61. Widerstandshöhen in den Fall- und Steigrohren eines Steilrohrkessels für Drücke von 10 bis 100 at. Rohrdurchmesser = 50 mm l. W., Rohrlänge = 6 m, Heizflächenbelastung = 200 000 kcal $m^{-2} h^{-1}$.
Beachte: Starke Zunahme der statischen Druckhöhe und starke Abnahme der Reibungs- und Beschleunigungswiderstände im Steigrohr mit wachsendem Kesseldruck infolge des starken Rückganges des spezifischen Dampfvolumens.

tatsächlichen Werte von v_1 und w_2 mit den errechneten bei sehr hohen Drücken besser übereinstimmen als bei Drücken von 10 bis 30 at, und daß der Wassergehalt am Steigrohraustritt bei sehr hohen Drücken im Vergleich zu Spannungen von 10 bis 20 at eher noch größer ist, als die Berechnung ergeben hat.

Ein weiteres, wenn auch ziemlich rohes Maß für das „Spucken" eines Kessels gibt das auf 1 m^2 Spiegelfläche der Obertrommeln stündlich aufsteigende Dampfvolumen. Nach Abb. 63 verhalten sich auch in dieser Beziehung Höchstdruckkessel eher günstiger als Kessel für normalen Druck, weil die Spiegelfläche geringer belastet ist.

Es läßt sich also zusammenfassend sagen, daß bisher weder praktische noch theoretische Erwägungen dafür vorgebracht werden konnten, daß der Wasserumlauf bei Höchstdruckdampfkesseln, die ähnlich wie normale Kessel gebaut sind, ungenügend wird. Eher dürfte das Gegenteil zutreffen. Da nun unter sonst gleichen Verhältnissen der Wasserumlauf bzw. der Wassergehalt des aus-

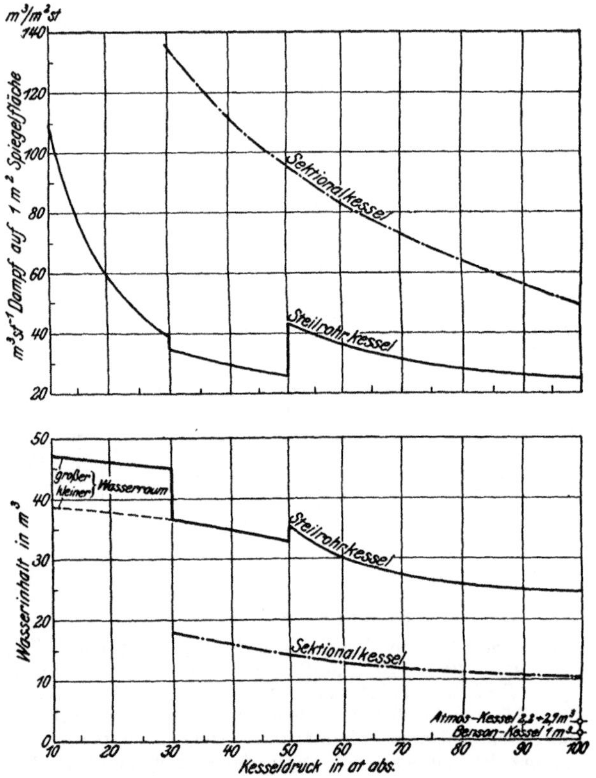

Abb. 62 u. 63. Belastung der Spiegeloberfläche und Wasserinhalt von Steilrohr- und von Sektionalkesseln bei Kesseldrücken von 10 bis 100 at.

Beachte: Wasserinhalt von Sektionalkesseln mit einer Obertrommel, besonders aber des Atmos-Kessels und des Benson-Kessels ist sehr klein.

Belastung von 1 m² Spiegeloberfläche bei Höchstdruckkesseln viel geringer als bei Kesseln für 10 bis 20 at.

tretenden Dampfwassergemisches um so günstiger ist, je größer der Durchmesser der Steigrohre ist, so darf der Durchmesser der Wasserrohre bei Höchstdruckkesseln wahrscheinlich ohne Nachteil kleiner gewählt werden als im Gebiete niederer Drücke, was aus verschiedenen Gründen erwünscht sein kann.

c) Speicherfähigkeit.

Infolge der Trägheit der Feuerungen, besonders von Rosten, und aus anderen naheliegenden Gründen muß ein Kessel eine gewisse Speicherfähigkeit haben, d. h. er muß imstande sein, ohne Verstärkung des Feuers, lediglich durch Druckabsenkung aus seinem Wasserinhalt heraus mehr Dampf herzugeben, als dem augenblicklichen Gleichgewicht zwischen Rostbelastung und Dampferzeugung entspricht. Hierzu ist ein gewisser Wasserinhalt erforderlich, da die Druckabsenkung einen mäßigen Betrag nicht überschreiten darf. Der sehr große Wasserinhalt von Flammrohrkesseln hat ihnen aus diesen Gründen in manchen Betrieben lange Zeit hindurch ein Übergewicht über Wasserrohrkessel gegeben, obgleich letztere wesentlich billiger und wirtschaftlicher sind.

Im allgemeinen soll in neuzeitlichen Kraftwerken der Dampfdruck im Gebiete von 15 bis 25 at um nicht mehr als 1,5 bis höchstens 3 at unter den Abblasedruck fallen; letzterer Wert wird in einem gut geleiteten Kraftwerke wohl schon als recht hoch angesehen.

Eine gewisse Druckabsenkung bei plötzlichen Spitzen darf nicht überschritten werden, weil

1. sonst die Kraftmaschinen nicht mehr ihre volle Leistung hergeben könnten;
2. bei größeren Anlagen das Parallelarbeiten der Kessel leiden könnte, wenn die Rohrleitungen nicht sehr reichlich bemessen sind;
3. der Wärmeverbrauch der Kraftmaschinen verschlechtert wird;
4. möglichst konstanter Dampfdruck aus rein psychologischen Gründen erwünscht ist.

Abb. 62 zeigt den Wasserinhalt der unseren Berechnungen zugrunde gelegten Kessel (siehe S. 50) für Drücke von 10 bis 100 at. Er beträgt selbst bei Steilrohrkesseln mit sehr reichlich bemessenem Wasserinhalt für 100 at nur noch rund 50 v. H. desjenigen bei 15 at, Sektionalkessel mit einer Obertrommel haben nur rund den halben Wasserinhalt von Steilrohrkesseln. Ein Sektionalkessel mit einer Obertrommel von 100 at hat daher nur etwa 20 v. H. des Wasserinhaltes eines Steilrohrkessels von 15 at. Es fragt sich, ob die kleinen Wasserräume von Höchstdruckkesseln für praktische Bedürfnisse ausreichen und ob Steilrohrkessel infolge ihrer größeren Speicherfähigkeit ein ähnliches Übergewicht im Höchstdruckgebiet bekommen könnten, wie es für niederere Drücke der Flammrohrkessel gegenüber dem Wasserrohrkessel lange Zeit hindurch hatte und wohl manchmal auch heute noch hat.

Abb. 64 zeigt, wieviel Kilogramm Dampf 1 m^3 auf Sättigungstemperatur erhitztes Wasser bei Druckabsenkungen von 2 bis 14 at und bei Anfangsdrücken von 10 bis 100 at abgibt. Danach ist die Speicherfähigkeit im Gebiete hoher Spannungen sehr klein. Der Unterschied gegenüber 10 bis 20 at wird um so größer, je größer die zugelassene Druckabsenkung während der Spitzen ist.

Es wurde nun für Steilrohrkessel und für Sektionalkessel berechnet, wiewiel kWh Spitzenleistung sie bei Anfangsdrücken von 10 bis 100 at bei verschiedenen Druckabsenkungen hergeben können, Abb. 65. Gleichzeitig wurde in dasselbe Schaubild die ungefähre Kesselleistung

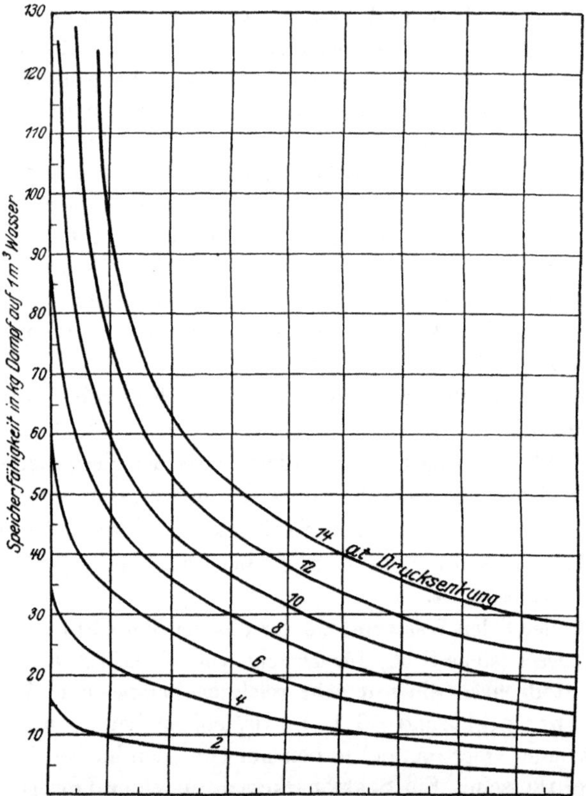

Abb. 64. Speicherfähigkeit von 1 m³ auf Sättigungstemperatur erhitztem Wasser bei verschiedenen Anfangsdrücken und verschiedener Druckabsenkung.

bei normaler Rostbeanspruchung und konstanter Dampfentnahme für verschiedene Frischdampfdrücke eingetragen (strichpunktierte Kurve).

Als Maßstab für die Leistung wurden kW und nicht kgh^{-1} Dampf gewählt, um auch den Einfluß des Kesseldruckes auf den spezifischen Dampfverbrauch zu berücksichtigen.

Nach Abb. 65 ist die Speicherfähigkeit von Steilrohrkesseln bei 100 at nur rund 15 v. H. von derjenigen bei 10 at, bei Sektionalkesseln sinkt der Betrag gar auf 10 v. H. Die weit größere Empfindlichkeit gegen Druckschwankungen von Sektionalkesseln im Vergleich zu Steilrohrkesseln geht daraus hervor, daß eine Spitzenleistung von 50 kWh bei einem Druck von 100 at eine Druckabsenkung verursacht von

rund 4,3 at bei Steilrohrkesseln, Punkt *C* in Abb. 65,
rund 8,5 at bei Sektionalkesseln, Punkt *C* in Abb. 65.

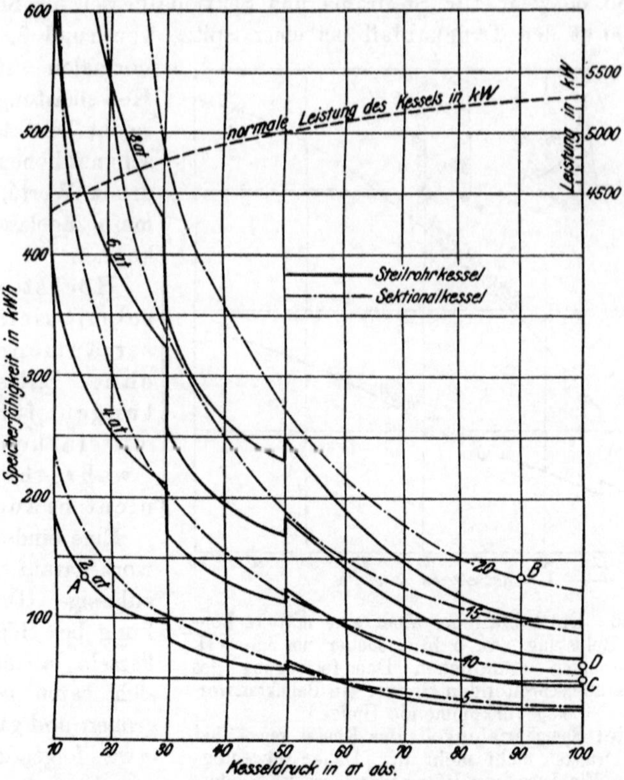

Abb. 65. Speicherfähigkeit von Steilrohr- und Sektionalkesseln für eine stündliche Kohlenmenge von rd. 2200 bis 2300 kg bei Kesseldrücken von 10 bis 100 at und Druckabsenkungen von 2 bis 20 at.

Diese Unterlegenheit der Sektionalkessel kommt noch deutlicher zum Ausdruck, wenn man die Speicherfähigkeit eines Steilrohrkessels für niederen Dampfdruck mit derjenigen eines Sektionalkessels für sehr hohen Druck vergleicht. Während z. B. ein Steilrohrkessel von 15 at Betriebsdruck bei 2 at Spannungsabfall eine Spitze von 127 kWh decken kann, verursacht dieselbe Spitze bei einem Sektionalkessel von 90 at rund 20 at Druckrückgang, Punkte *A* und *B* in Abb. 65.

Es wurde nun eine größere Zahl von Belastungsdiagrammen verschiedener Werke daraufhin untersucht, wie groß die eine Durchschnittsbelastung von 5 min übersteigende Spitzenleistung höchstens ist. Diese Dauer wurde gewählt in der Annahme, daß 5 min vergehen können, bis der Heizer die Belastungszunahme bemerkt bzw. bis er die zu ihrer Deckung erforderlichen Maßnahmen durchgeführt hat. Hierbei wurde gefunden, daß in Bahnkraftwerken die größte derartige Spitzenleistung bis zu rund 3,3 v. H. der normalen stündlichen Kesselleistung ausmacht.

Abb. 66 zeigt für Steilrohr- und Sektionalkessel für Spannungen bis 100 at den Druckabfall bei einer Spitze von rund 3,3 v. H. der normalen stündlichen Kesselleistung. Er erreicht bei Sektionalkesseln mit hohem Betriebsdruck Werte, die nicht mehr zugelassen werden können.

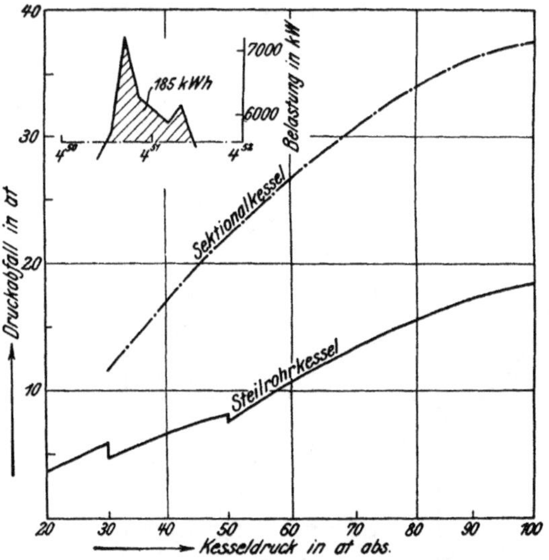

Abb. 66. Druckabfall bei einer eine mittlere konstante Belastung von 5 Min. Dauer um 3,3 v. H. der normalen stündlichen Dampferzeugung des Kessels überschreitenden Spitze. (In Bahnkraftwerken vorkommende Spitze.)
Beachte: Speicherfähigkeit der Kessel reicht bei hohen Drücken nicht mehr aus. Daher Notwendigkeit des Einbaues von Wärmespeichern ins Niederdruckgebiet.

Höchstdruckkessel mit kleinen Wasserräumen sind also ohne Hilfseinrichtungen für Werke mit starken Spitzen wahrscheinlich nicht brauchbar.

Eine eindeutige Antwort darauf, wovon die zulässige Druckabsenkung bei Höchstdruckkesseln abhängt, läßt sich kaum geben; im großen und ganzen sind etwa folgende Punkte von Einfluß:

1. Die Drucksenkung darf nicht so groß werden, daß infolge der durch sie verursachten Verdampfung aus dem Wasserinhalt heraus bzw. durch die entsprechende Wasserspiegelabsenkung von den Rauchgasen berührte Teile der Kesselheizfläche von Wasser entblößt werden oder der Zusammenhang des Wasserumlaufes unterbrochen wird.

2. Die Drucksenkung darf nicht so groß sein, daß der Wasserumlauf im Kessel infolge des zunehmenden spezifischen Dampfvolumens und der zusätzlichen Dampferzeugung aus dem Wasserinhalt heraus leidet.

3. Das Parallelarbeiten der Kessel darf durch die Druckabsenkung nicht leiden.

4. Die Maschinen müssen auch bei dem tiefsten erreichten Kesseldruck noch ihre volle Leistung hergeben.

5. Der Wärmeverbrauch für 1 kWh darf auch bei abgesenktem Kesseldruck einen gewissen Betrag nicht überschreiten.

Zu Punkt 1 und 2 ist zu bemerken, daß durch Absenken des Wasserspiegels unter eine gewisse Höhe besonders bei Mehrtrommel-Steilrohrkesseln der Zusammenhang des Wasserumlaufes unterbrochen werden könnte. Die Folgen davon wären ungleiche Temperaturen in den einzelnen Teilen der Kesselheizfläche und gefährliche Wärmedehnungen sowie schädliche Überhitzungen der Wasserrohre oder der Kesseltrommeln.

Fast noch nachteiliger kann Punkt 2 wirken. Solange zwischen Rostbelastung und Dampferzeugung Gleichgewicht herrscht, wird nur auf der von den heißen Gasen bespülten Heizfläche Dampf erzeugt. Unsere Kessel sind nun so gebaut, daß infolge des hierdurch verursachten Unterschiedes der spezifischen Gewichte der Inhalte der verschiedenen Wasserrohre das Wasser im Kessel in geordneten Bahnen umläuft. Bei schnell fallendem Kesseldruck bilden sich aber überall Dampfblasen, also auch in den Fallrohren und in den Untertrommeln. Hierdurch werden 2 Erscheinungen hervorgerufen:

a) Zu der durch die Rauchgase bewirkten Dampferzeugung tritt diejenige durch Druckentlastung. Das in den Steigrohren entwickelte Dampfvolumen kann hierdurch so stark zunehmen, daß der aus den Steigrohren stammende Dampf infolge des durch die erhöhten Reibungs- und Beschleunigungsverluste anwachsenden Widerstandes der Steigrohre sich auch durch die Fallrohre einen Ausweg suchen muß.

b) Je nach der Kesselbauart entsteht auch aus demjenigen Wasserinhalt heraus, der nur wenig oder gar keine Wärme aufnimmt, soviel Dampf, daß er durch die ohnehin überlasteten Steigrohre nicht abströmen kann. Er wird daher gleichfalls durch die Fallrohre abfließen, wodurch in Verbindung mit a) ein geordneter Wasserumlauf u. U. überhaupt aufhören kann. Deshalb sollte bei Vergrößerung des Wasserinhaltes durch Zufügung von Untertrommeln oder Erhöhung ihres Durchmessers vorsichtig vorgegangen werden.

Lediglich mit Rücksicht auf geordneten Wasserumlauf und die Bildung trockenen Dampfes auch bei Spitzen wäre es vorteilhafter, wenn der Hauptwasserinhalt in den Ober- und nicht in den Untertrommeln läge.

In dem Umstand, daß hiergegen zuweilen allzu stark verstoßen wird, ist die Ursache dafür zu suchen, daß manche Steilrohrkessel bei Spitzen stark spucken, und zwar auch solche Kessel, die bei konstanter Belastung gut arbeiten. Bei Schrägrohrkesseln liegt der Hauptwasserinhalt meist in den Obertrommeln. Der hier bei Druckabsenkung entwickelte Dampf beeinflußt den Wasserumlauf überhaupt nicht. Je größer daher der Wasserinhalt der Untertrommeln von Steilrohrkesseln im Vergleich zu ihrem Gesamtwasserinhalt ist, um so leichter spucken diese Kessel bei starken Spitzen, wenn nicht durch zweckmäßig angeordnete Umlauforgane dafür Sorge getragen wird, daß auch bei starker Dampfbildung aus dem Wasserinhalt heraus der Dampf noch vorwiegend durch die Steigrohre abfließen kann.

Jedenfalls ist es nicht ohne weiteres ratsam, den Wasserinhalt von Kesseln über einen gewissen Betrag hinaus lediglich dadurch zu vermehren, daß man die Zahl der Untertrommeln vergrößert. Die Obertrommeln sind zwar nur etwa zur Hälfte mit Wasser gefüllt, ihr Volumen ist daher für die Speicherfähigkeit nur etwa halb so gut ausgenutzt wie bei den Untertrommeln. Die erwähnten Gründe und der Umstand, daß zur Erzeugung trockenen Dampfes eine gewisse Wasserspiegeloberfläche und ein gewisser Raum oberhalb derselben nötig ist, sollten aber zur Vorsicht in der Anhäufung großer Wassermengen in den Untertrommeln mahnen.

d) Zulässiger Druckabfall bei Spitzen.

Die Leistung einer Turbine bei stark gefallenem Dampfdruck hängt im wesentlichen von ihrer Steuerung ab. Durch geeignete Anordnung kann ziemlich weitgehende Unempfindlichkeit erzielt werden.

Mit fallendem Kesseldruck wächst aber der Druckverlust in den Dampfleitungen, die ja für ein kleineres Dampfgewicht und ein geringeres spezifisches Volumen bemessen sind, schnell. Außerdem geht das Vakuum zurück, einmal infolge der größeren Leistung, die die Turbine hergeben muß, zum andern infolge ihres schlechter werdenden spezifischen Dampfverbrauches, wodurch sich die Dampfentnahme aus dem Kessel und der Druckverlust zwischen Kessel und Turbine weiter erhöhen. Diese Erscheinungen werden noch durch die gleichzeitig fallende Überhitzung[1]) und die durch sie hervorgerufene weitere Verschlechterung des spezifischen Dampfverbrauches verschärft. Deshalb muß bei Höchstdruckdampf genau überlegt werden, welche Absenkung des Kesseldruckes infolge von Spitzen noch zugelassen werden kann.

Abb. 67 zeigt für Drücke von 15 bis 100 at und für verschiedene Dampfgeschwindigkeiten den Druckverlust in einer 40 m langen glatten Rohrleitung. Diese Länge entspricht etwa dem Widerstand der Verbindungsleitung samt Ventilen usw. zwischen den Kesseln und einer 20 000 kW-Dampfturbine, die den weiteren Rechnungen zugrunde gelegt ist. Der absolute und der verhältnismäßige Spannungsverlust bei konstanter Dampfgeschwindigkeit wachsen nach Abb. 67 u. 68 mit steigen-

[1]) Münzinger: Amerikanische Großdampfkessel S. 158/60.

dem Dampfdruck ziemlich schnell[1]). Läßt man bei 15 at einen Spannungsabfall zwischen Kessel und Turbine von 1 at zu, so würde derselbe verhältnismäßige Druckverlust bei 100 at rund 6,5 at betragen, entsprechend einer Dampfgeschwindigkeit von rund 65 m sec^{-1} bei einer glatten Rohrleitungslänge von 40 m, Punkt *A* in Abb. 67.

Ist die Leitung so bemessen, daß bei normaler Turbinenleistung und 100 at Kesseldruck die Dampfgeschwindigkeit 70 m sec^{-1} beträgt, so ist ihr Spannungsverlust 9 at, Punkt *B* in Abb. 67, somit der Druck an den Turbinen rund 91 at. Eine etwa durch eine Spitze oder ungenügendes Feuer verursachte Absenkung des Kesseldruckes von 100 at um 30 at verschlechtert nach Abb. 71 den Wärmeverbrauch von 1 kWh etwa um denselben Betrag (3 v. H.) wie 4 at Druckabfall bei 15 at Frischdampfdruck, Punkte B_1 und *B* in Abb. 70 u. 71. Ist aber der Kesseldruck auf 70 at gesunken, so gehen weitere 14 at durch die Leitung verloren, Punkt *C* in Abb. 69, und an der Turbine stehen dann nur noch rund 56 at zur Verfügung entsprechend einer Erhöhung des spezifischen Dampfverbrauches um rund 5 v. H., in Abb. 71. Erhöhter spezifischer Dampfverbrauch im Verein mit dem fallenden Vakuum und der um die Spitze erhöhten Leistung vergrößern aber den Druckverlust zwischen Turbine und Kessel noch mehr. Das Beispiel zeigt, wie stark sich die verschiedenen Einflüsse addieren. Nach Abb. 66 fällt bei einer Spitze, wie sie in Bahnkraftwerken vorkommt, bei Steilrohrkesseln

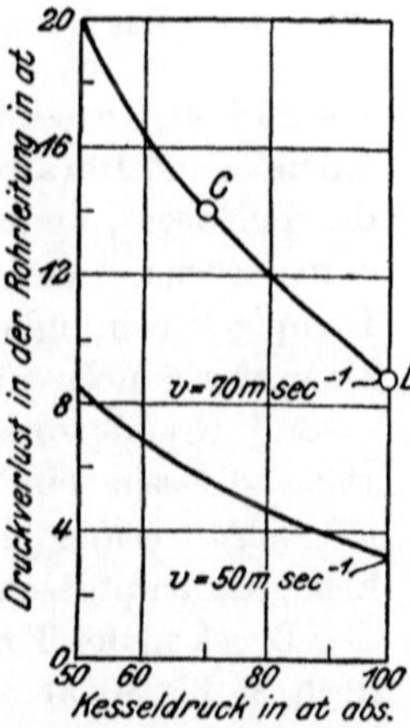

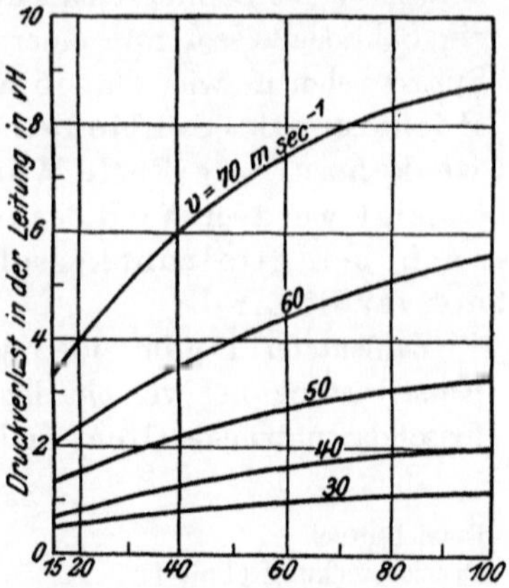

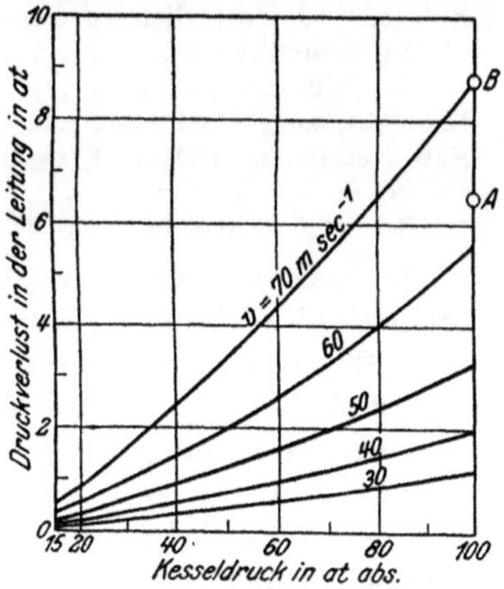

[1]) Wertvolle Arbeit über „Druckverluste in Rohrleitungen" siehe Steinemann: AEG-Zeitung 1923, Heft 9 u. 10.

Abb. 67 u. 68. Druckverlust in Rohrleitungen bei verschiedenen Drücken und Geschwindigkeiten und stationärem Zustand. Abb. 69. Zunahme des Rohrleitungsverlustes, wenn Kesseldruck von normal 100 at bis auf 50 at fällt.

von 15 at der Druck um rund 2,5 at. Bei Sektionalkesseln mit einer Obertrommel und 100 at würde der Abfall rund 37 at betragen, also weit über das Zulässige hinausgehen. Bei Steilrohrkesseln wäre er rund 18,5 at entsprechend einem Druck an der Turbine von rund 77 at, wenn die Dampfgeschwindigkeit bei normaler Belastung 50 $m\,sec^{-1}$ beträgt. Der Dampfverbrauch würde hierbei um mindestens 2 v. H. zunehmen.

Auf Grund vorstehender Betrachtungen läßt sich sagen, daß bei 100 at-Kesseln ein Spannungsabfall bei Spitzen von mehr als 10 at möglichst vermieden werden sollte und daß in den Dampfleitungen kleinere Dampfgeschwindigkeiten als bei 15 at gewählt werden müssen. Der Druck an der Turbine ist dann je nach der Weite der Dampfleitungen noch 86 bis 80 at. Bei 10 at Spannungssenkung kann ein Steilrohrkessel von 100 at mit reichlich bemessenem Wasserinhalt noch dieselbe, ein Sektionalkessel mit einer Obertrommel aber nur noch die halbe Spitze nehmen wie ein 15 at-Kessel bei 2 at Spannungssenkung. Höchstdruck-Sektionalkessel brauchen daher bei Spitzenwerken auf alle Fälle Wärmespeicher, die aber, wie später gezeigt werden wird, schon aus wirtschaftlichen Gründen auch bei Steilrohrkesseln zweckmäßig, wenn nicht gar notwendig sind.

Zahlentafel 1 gibt einen schnellen Überblick über die zusätzliche Kesselleistung bei verschiedener Druckabsenkung für 2 verschiedene Frischdampfdrücke (15 at und 100 at).

Zahlentafel 1.

Betriebsdruck	at	15	100
Druckabsenkung (Fall I)	at	2,2	10
Entsprechende zusätzliche Kesselleistung:			
bei Steilrohrkesseln	kWh	150	120
bei Sektionalkesseln	kWh	—	68
Druckabsenkung (Fall II)	at	4	30
Entsprechende zusätzliche Kesselleistung:			
bei Steilrohrkesseln	kWh	290	—
bei Sektionalkesseln	kWh	—	160

Zusammenfassend kann also über die zulässige Druckabsenkung bei Höchstdruckkesseln folgendes gesagt werden:

1. Ein 100 at-Steilrohrkessel mit reichlich bemessenem Wasserraum verhält sich bei Spitzen etwa ebenso wie ein 15 at-Sektionalkessel bei einer Druckabsenkung von 2 at. Der Kesseldruck geht dann von 100 at auf rund 90 at und der Druck an der Turbine auf 86 bis 80 at zurück.

2. Ein 100 at-Sektionalkessel mit einer Obertrommel kann bei 10 at Druckabsenkung etwa nur die halbe Spitze aufnehmen wie ein Steilrohrkessel.

3. Die Druckabsenkung bei Spitzen sollte bei 100 at-Kesseln keineswegs 20 at, womöglich aber 10 at nicht überschreiten. Die Dampf-

leitung zwischen Kessel und Turbinen ist um so reichlicher zu bemessen, eine je größere Absenkung zugelassen werden soll.

4. Sektionalkessel und andere Kessel von ähnlich kleinem Wasserinhalt brauchen im Höchstdruckgebiet Wärmespeicher, wenn sie gegen Spitzen ähnlich unempfindlich sein sollen wie normale Wasserrohrkessel bei 15 bis 20 at.

5. Die Dampfgeschwindigkeit in den Rohrleitungen sollte im allgemeinen kleiner als bei Drücken von 15 bis 20 at gewählt werden.

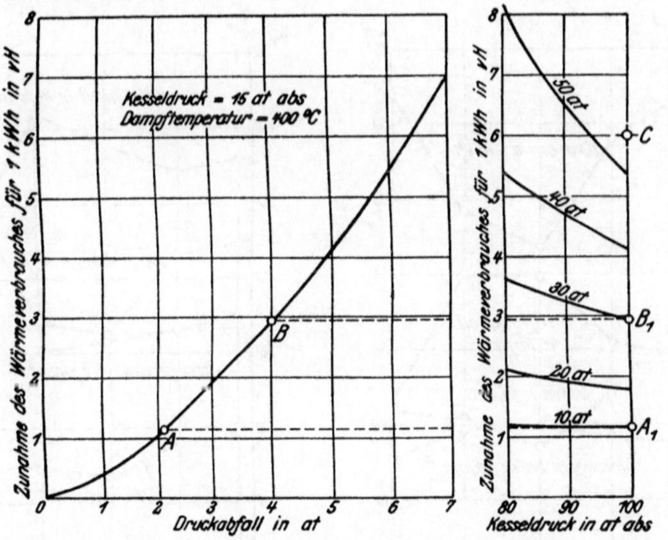

Abb. 70 u. 71. Ungefähre Zunahme des Wärmeverbrauches bei einem Kessel für gewöhnlichen Druck (15 at abs.) und bei Höchstdruckkesseln (80 bis 100 at abs.) bei verschiedener Höhe des Druckabfalles unter den normalen Kesseldruck.

V. Herstellung der Dampfkessel.

a) Eigenschaften der Baustoffe.

Herstellung und Wandstärke der lebenswichtigsten Teile von Wasserrohrkesseln, d. h. der Kesseltrommeln (nur über Wasserrohrkessel wird hier berichtet), werden im wesentlichen durch behördliche Vorschriften geregelt. Sie beziehen sich in der Hauptsache auf

a) die Eigenschaften der Kesselbleche,

b) den der Berechnung der Wandstärke zugrunde zu legenden Sicherheitsgrad,

c) die Berechnungsformeln für Ermittlung der Wandstärke,

d) die Bearbeitung und Nietung der Kesselbleche.

Die behördlichen Vorschriften unterscheiden 4 Blechsorten und schreiben als zulässige Zugfestigkeit der zu Kesselmänteln verwendeten Bleche vor

$K = 33$ kgmm²	bei Schweißeisen,						
$K = 36$,,	,, Flußeisen	von	34	bis	41 kgmm²	Zugfestigkeit,	
$K = 40$,,	,, ,,	,,	40	,,	47	,,	,,
$K = 44$,,	,, ,,	,,	44	,,	51	,,	,,

Bleche mit mehr als 41 kgmm² Zugfestigkeit dürfen zu Mantelteilen nur verwendet werden, wenn die Verarbeitung kalt oder rot-

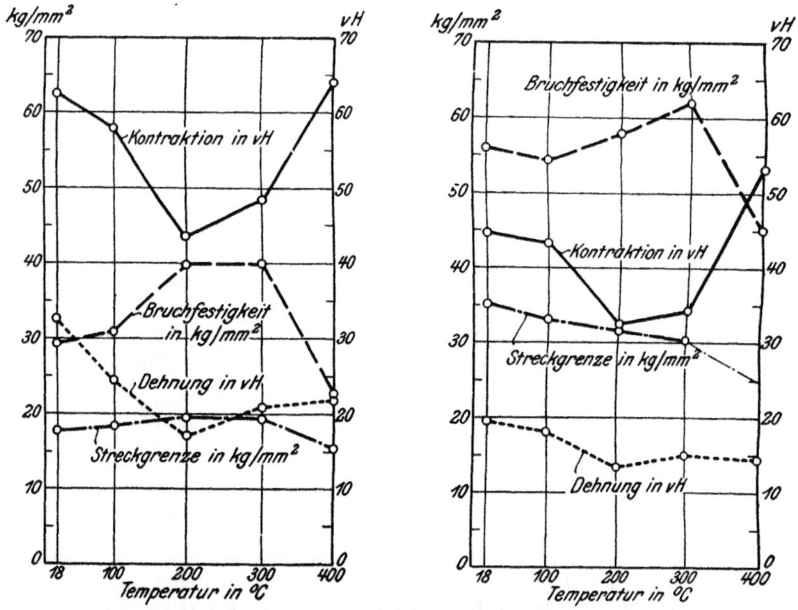

Abb. 72 u. 73. Bruchfestigkeit, Streckgrenze, Dehnung und Kontraktion zweier Sorten („weiches" und „hartes" Blech) von SM-Flußeisen bei verschiedenen Temperaturen. **Beachte:** Bruchfestigkeit ist am größten bei 200 bis 300° C. Streckgrenze [1]) fällt mit zunehmender Temperatur.

warm stattfindet, wenn die Kanten gehobelt, gedreht oder gepreßt und wenn die Längsnähte durch Doppellaschen maschinell vernietet werden. Ferner sind für die verschiedenen Blechsorten noch Mindestwerte für die Dehnung vorgeschrieben. Bleche von mehr als 51 kgmm² Zugfestigkeit werden nicht zugelassen.

Die behördlichen Vorschriften bevorzugen also „weiche" Bleche zuungunsten der „harten". Über die Zweckmäßigkeit dieser Bewertung sind die Fachleute geteilter Ansicht, indem sie u. a. geltend machen, daß weiche Bleche gegen schädliche Einflüsse beim Nieten empfindlicher sind als harte.

[1]) Siehe Erläuterung 6, S. 140.

Unter genau den gleichen Bedingungen durchgeführte Vergleichsversuche der AEG-Lokomotivfabrik mit einem harten Blech (Zugfestigkeit $= 58{,}6$ kg mm², Streckgrenze $36{,}2$ kg mm²) und einem weichen ($31{,}5$ kg mm² bzw. $20{,}5$ kg mm²), Abb. 72 bis 75, haben in Übereinstimmung mit fremden Versuchen nichts ergeben, was das ablehnende Verhalten der Kesselvorschriften gegen harte Bleche berechtigen würde, wohl aber gezeigt, daß die Kerbzähigkeit des harten Bleches nach Recken und künstlichem Altern größer ist als bei weichen Blechen, Abb. 75. Die härteren Bleche scheinen daher eher überlegen zu sein.

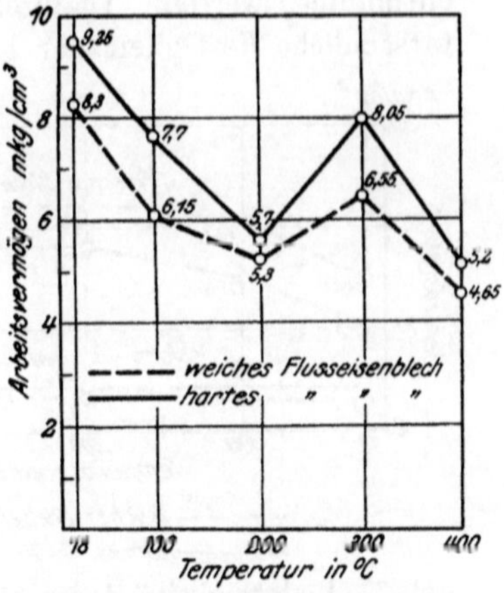

Abb. 74. Arbeitsvermögen[1]) der beiden durch Abb. 72 und 73 gekennzeichneten SM-Flußeisen bei verschiedenen Temperaturen. **Beachte:** Arbeitsvermögen nimmt mit steigender Blechtemperatur stark ab.

Der Sicherheitsgrad gegen Zerreißen ist zu 4 bis 4,5 vorgeschrieben, je nach den besonderen Verhältnissen und nach der Konstruktion und Herstellung der Nietverbindungen.

Bei Abfassung der Vorschriften, die vielfach auf einem Kompromiß zwischen der Aufsichtsbehörde, den Walzwerken, den Kesselfabriken und den Kesselverbrauchern beruhen, haben praktische und wirtschaftliche Gründe und nicht nur rein technisch-wissenschaftliche Erwägungen eine Rolle gespielt. Bei Beurteilung der harten Bleche wurde insbesondere berücksichtigt, daß sie beim Biegen usw. leichter Schaden leiden könnten als weiche. Die Kesselvorschriften stammen fast durchweg aus einer Zeit, wo Dampfdruck und Heizflächenbeanspruchung erheblich geringer waren als heute und wo die Bleche noch nicht den hohen Beanspruchungen neuzeitlicher, hochbelasteter Dampfkessel von großer Heizfläche ausgesetzt waren.

Eine Reihe ernster Kesselschäden hat nun in weiten Kreisen zu der Überzeugung geführt, daß die Vorschriften einer Nachprüfung bedürfen und veranlaßte, besonders infolge der Initiative der Vereinigung der Großkesselbesitzer, mehrere Festigkeitslaboratorien zu eingehenden Forschungsarbeiten. Hierbei hat sich u. a. herausgestellt, daß die bisherige Entnahme und Untersuchung von Probestäben nicht ganz einwandfrei ist und scheinbar kein genügend sicheres Bild von der Eignung eines Bleches gibt und daß die Temperatur, welcher das Blech im Betrieb ausgesetzt ist, seine Festigkeitseigenschaften stark beeinflußt. Auch Vorgänge bei der Bearbeitung können für sein späteres Verhalten von größter Bedeutung sein. Werden z. B. die Bleche beim Walzen oder Biegen gereckt,

[1]) Siehe Erläuterung 2, S. 139.

d. h. über die Elastizitätsgrenze hinaus beansprucht, so geht, wenigstens bei SM-Flußeisenblechen, ihre Zähigkeit stark zurück, Abb. 75.

Nun wird es auch bei sorgsamster Überwachung der Herstellung wohl nie gelingen, derartige schädliche Überanspruchungen — sei es im Walzwerk selbst, sei es in der Kesselfabrik — völlig zu verhindern. Selbst eine nachträgliche Feststellung der Überanspruchung wird nicht immer möglich sein, teils weil sie an rein äußerlichen Zeichen nicht zu erkennen ist, teils infolge der Art, wie die Probestäbe dem vollen Blech entnommen werden. Dadurch kommt eine gewisse Unsicherheit in die tatsächliche Festigkeit der Kesseltrommeln, die bei mäßigem Dampfdruck meist nicht viel zu besagen haben dürfte, aber um so bedenklicher wird, je mehr der Dampfdruck erhöht wird.

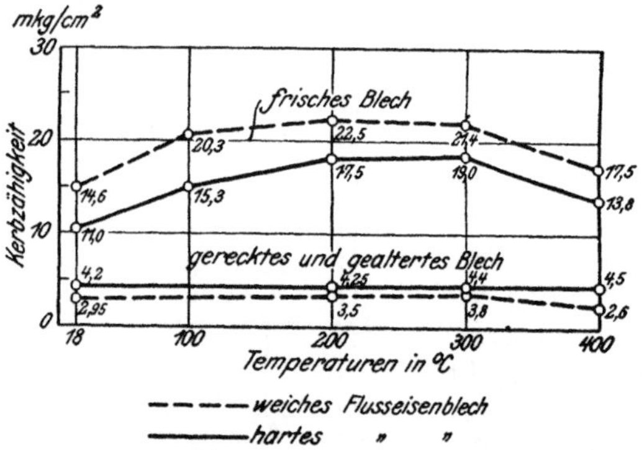

Abb. 75. Kerbzähigkeit[1]) der in Abb. 72 u. 73 gekennzeichneten SM-Flußeisenbleche in frischem und in gerecktem und gealtertem Zustand bei verschiedenen Temperaturen nach Untersuchungen der AEG.
Beachte: Kerbzähigkeit von SM-Flußeisen fällt nach Reckung und künstlerischer Alterung auf geringe Bruchteile ihrer Werte im frischen Zustande. „Hartes" SM-Flußeisen verhält sich günstiger als „weiches". Siehe auch Abb. 78 bis 80.

Verfeinerte Kontrollmaßregeln für die Feststellung der Materialeigenschaften und die werkstättentechnische Herstellung, an denen selbstverständlich mit allen Kräften zu arbeiten ist, genügen daher allein wahrscheinlich nicht. Man wird vielmehr versuchen müssen, die Bleche so zu verbessern und zu veredeln, daß sie gegen Einflüsse, die ähnlich wirken wie Recken[2]) und Altern[3]) oder gegen die höheren Betriebstemperaturen bei Höchstdruckdampf unempfindlicher als SM-Flußeisen werden.

Die Firma Friedrich Krupp A.-G. hat die einschlägigen Fragen besonders sorgfältig untersucht und 2 Spezialnickelstähle D und A entwickelt, die als Baustoff für Höchstdruckkessel eine wichtige Rolle zu spielen berufen sein dürften[4]). In Abb. 77 ist für SM-Flußeisen und für die beiden Kruppschen Spezialnickelstähle D und A die Streckgrenze und die Zugfestigkeit für Temperaturen von 0 bis 350° C eingetragen, indem die 3 markierten, von Krupp für 20° C, 250° C und 350° C garantierten Werte durch Kurvenzüge miteinander verbunden wurden. Während die Zugfestigkeit sich mit der Temperatur nur ver-

[1]) Siehe Erläuterung 4, S. 140. [2]) Siehe Erläuterung 5, S. 140.
[3]) Siehe Erläuterung 1, S. 139. [4]) Goerens: Z. V. d. I. 1924, S. 41.

hältnismäßig wenig ändert, gehen die Garantiewerte für die Streckgrenze bei allen 3 Baustoffen mit zunehmender Temperatur beträchtlich zurück, und zwar bei SM-Flußeisen weit stärker als bei den beiden Spezialnickelstählen. Die Überlegenheit der letzteren kommt noch deutlicher in Abb. 78 bis 80 zum Ausdruck, wo für verschiedene Versuchsbedingungen die Kerbzähigkeit[1]) der Bleche in ihrer ursprünglichen Beschaffenheit demjenigen Wert gegenübergestellt ist, den sie nach Reckung[2]) und künstlicher Alterung[3]) noch haben. Die Kerbzähigkeit sinkt, wie auch Abb. 75 zeigte, bei SM-Flußeisen auf geringe Bruchteile des frischen Materials, während insbesondere bei Nickelstahl A die Unterschiede nicht groß sind.

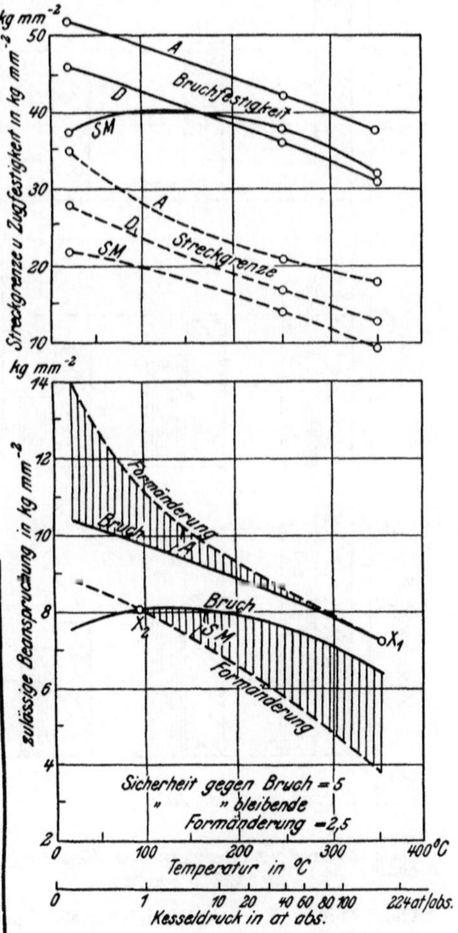

Abb. 76 u. 77. Garantiewerte für Bruchfestigkeit und Streckgrenze von SM-Flußeisen, D-Nickelstahl und A-Nickelstahl und zulässige Beanspruchung dieser Materialien bei 5facher Sicherheit gegen Bruch und 2,5facher Sicherheit gegen Überschreitung der Streckgrenze bei verschiedenen Temperaturen.

Auf Grund dieser und vieler von anderer Seite ausgeführter Versuche kann gesagt werden, daß

1. es wahrscheinlich nicht richtig ist, für die Bemessung der Blechstärken von Höchstdruckkesseln mit einer für die verschiedensten Betriebstemperaturen gleichen Zugbeanspruchung zu rechnen;

2. die auf Grund der behördlichen Vorschriften berechneten und ausgeführten Kessel bei hohen Drücken nicht den Grad von Sicherheit bieten, wie vielfach vorausgesetzt wird;

3. beim Übergang zu Drücken von mehr als 30 bis 40 at voraussichtlich andere Rechnungsverfahren und andere Gesichtspunkte bei Wahl der Blechsorten und bei Bemessung der Wandstärke angewendet werden müssen.

[1]) Siehe Erläuterung 4, S. 140. [2]) Siehe Erläuterung 5, S. 140.
[3]) Siehe Erläuterung 1, S. 139.

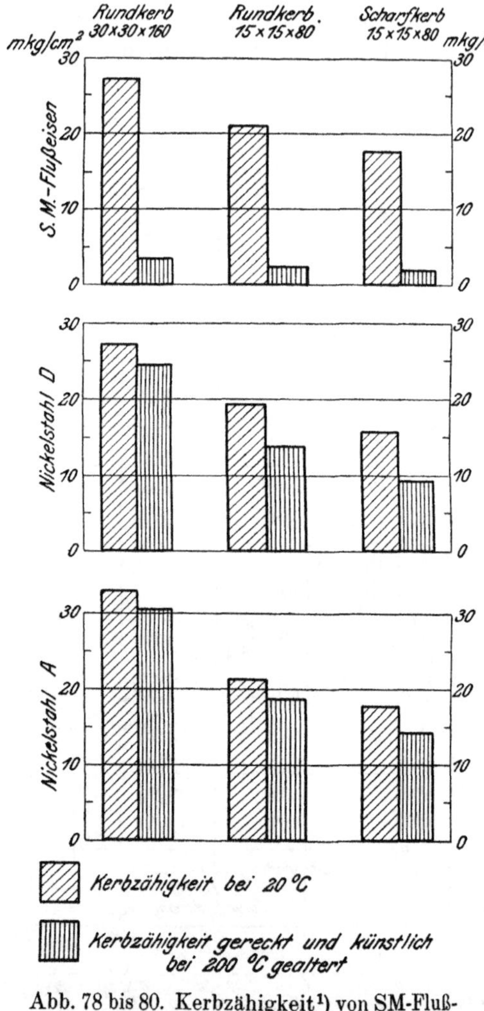

Abb. 78 bis 80. Kerbzähigkeit[1]) von SM-Flußeisen, D-Nickelstahl und A-Nickelstahl in natürlichem Zustand und nach Reckung[2]) und künstlicher Alterung[3]) nach Untersuchungen der Firma Friedrich Krupp, Essen.

Beachte: Die Kerbzähigkeit gewöhnlichen SM-Flußeisens geht durch Reckung sehr stark zurück. Die beiden Nickelstähle sind daher gegen nachteilige Einflüsse beim Herstellen der Bleche oder der Trommeln, die ähnlich wirken wie Recken, weit unempfindlicher. Ausreichende Bruchfestigkeit und Dehnung eines „frischen" Bleches bei Zimmertemperatur sind daher allein offenbar noch kein ausreichendes Kriterium für seine Eignung für die Trommeln von Dampfkesseln.

Es ist nicht die Aufgabe dieser Arbeit, über vorstehende 3 Punkte ausführlich zu berichten. Handelt es sich doch um sehr verwickelte, vielfach noch nicht ganz geklärte Fragen, deren Beurteilung eingehende Fachkenntnisse erfordert und die über den Rahmen dieser Arbeit weit hinausgehen würde. Ihre kurze Erörterung war aber zum Verständnis einer Reihe der folgenden Auseinandersetzungen unerläßlich.

b) Herstellung der Kesseltrommeln.

Die Trommeln von Steilrohrkesseln werden bisher fast stets durch Nietung hergestellt. Es haben sich zwar in letzter Zeit Trommeln mit geschweißten Längsnähten, die von einigen Werken in hervorragender Beschaffenheit geliefert werden, in zunehmendem Maße eingeführt. Alles in allem konnten sie jedoch genietete Trommeln deshalb nicht ersetzen, weil

a) die Praxis der Überwachungsvereine insofern nicht einheitlich ist, als einige Vereine genietete Sicherheitslaschen vorschreiben, andere aber nicht.

[1]) Siehe Erläuterung 4, S. 140.
[2]) Siehe Erläuterung 5, S. 140.
[3]) Siehe Erläuterung 1, S. 139.

Werden jedoch Sicherheitslaschen verlangt, so sind die Vorteile der Schweißung nicht mehr groß;

b) vielleicht zu Unrecht eine gewisse Voreingenommenheit gegen Schweißung besteht, indem man sich sagt, daß sie trotz aller Sorgfalt nicht dieselbe Gewähr für absolute Sicherheit biete wie Nietung.

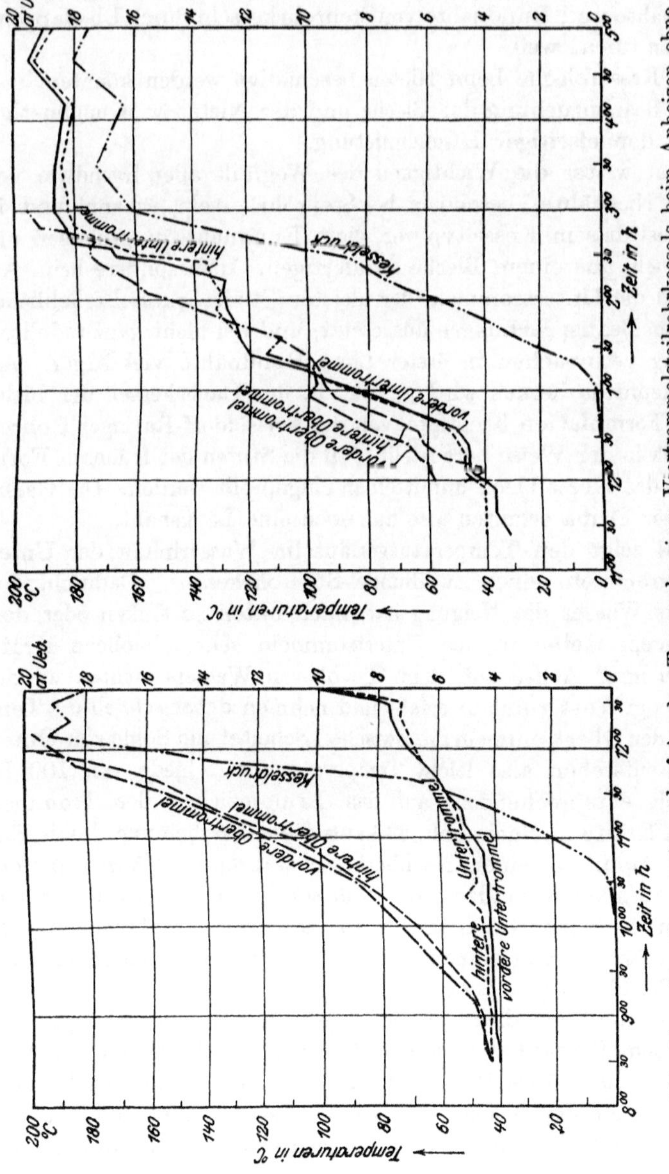

Abb. 81 u. 82. Temperaturverlauf in den Trommeln eines Viertrommelsteilrohrkessels beim Anheizen ohne und mit Einblasen von Anwärmedampf in die Untertrommeln.

Beachte: Durch Einblasen von etwas Anwärmedampf dicht über dem Boden der Untertrommeln lassen sich Temperaturunterschiede innerhalb der Trommeln und dadurch verursachte zusätzliche Materialspannungen fast ganz vermeiden und das Anheizen ohne Nachteil erheblich verkürzen.

Auch auf dem Gebiete der Nietung hat sich die Vereinigung der Großkesselbesitzer verdienstvoll betätigt, indem sie die Vorgänge beim Nieten untersuchte und Richtlinien ausarbeitete, die von großer Bedeutung für die Herstellung hochwertiger Kessel zu werden versprechen. Mit unter dem Einflusse dieser Bemühungen sind wohl alle guten Kesselfirmen bei Dampferzeugern für hohen Druck davon abgekommen, die Längsnähte und Rundnähte von Steilrohrkesseln durch Überlappung herzustellen, u. a. weil

a) die Kesselbleche beim Nieten beschädigt werden könnten,

b) die Beanspruchung der Bleche und der Nieten weit ungünstiger ist als bei doppelseitiger Laschennietung.

Man hat weiter die Wichtigkeit des Wegfalls aller irgendwie vermeidbaren Nietnähte, besonders bei Steilrohrkesseln, erkannt und ist bestrebt, bei diesem Kesseltyp vor allem Rundnähte wegzulassen und die Trommeln aus einem Bleche anzufertigen. Insbesondere beim Anheizen sind die Untertrommeln der meisten Steilrohrkessel erheblichen zusätzlichen Beanspruchungen ausgesetzt, und bei nicht ganz tadelloser Ausführung verursachen in erster Linie Rundnähte viel Ärger. Aus dieser Erkenntnis heraus wird jetzt z. B. der Garbekessel, der bisher besondere Formplatten benötigte, von der Düsseldorf-Ratinger Röhrenkesselfabrik in der Weise hergestellt, daß die Stufen der früheren Formplatten in das Kesselblech unmittelbar eingepreßt werden. Die Garbekessel dieser Firma erhalten also nur noch eine Längsnaht.

Abb. 81 zeigt den Temperaturverlauf im Wasserinhalt der Unter- und Obertrommeln eines Zweibündel-Steilrohrkessels. Dadurch, daß das kältere Wasser die Neigung hat, nach unten zu sinken oder dort zu stagnieren, treten in den Untertrommeln sehr erhebliche Kräfte parallel zu ihrer Achse auf, denn die oberen Wasserschichten werden sehr früh vom Wasserumlauf erfaßt und nehmen daher schnell die Temperatur in den Obertrommeln an. Zwischen Scheitel und Sohle von Untertrommeln entstehen also leicht Temperaturunterschiede von 100 bis 120° C mit entsprechenden, auf das Krummziehen der Trommeln wirkenden Kräften. Nach Abb. 82 kann diese Erscheinung durch Einleiten von Dampf aus einem Nachbarkessel während der Anzeigeperiode fast ganz vermieden werden. Es ist daher bei allen solchen Kesseln, auch wenn sie keine Rundnähte haben, anzuraten, während des Anheizens Anwärmedampf einzuleiten, um jegliche Deformation und zusätzliche Blechbeanspruchung zu verhindern.

Voraussetzung für dichte Kesseltrommeln ist sattes Anliegen der Bleche an den Nietnähten, sorgsame Bohrung und Anpassung der Nietlöcher und sachgemäßes Nieten und Verstemmen. Besondere Sorgfalt ist auf das Biegen der Bleche zu verwenden. Kesselböden und ihre Auflagerstellen in den Trommeln sollten abgedreht werden, damit sie gut sitzen. Bei Drücken von mehr als 35 bis 40 at kommt man aber auf Blechstärken, die die Herstellung und das Dichthalten der Nietnähte immer mehr erschweren. Das Biegen der dicken Bleche macht große Schwierigkeiten, und die sehr langen Nieten können nicht mehr so gut durchgearbeitet werden wie solche normaler Länge. Auch die Nietköpfe können infolge der verhältnismäßig großen Elastizität sehr langer Nieten nicht mehr so gut verstemmt werden, wenn die Nieten nicht sehr kräftig sind. Möglicherweise werden diese Schwierigkeiten bei Schuchscher Stiftnietung geringer werden. Zur Zeit lauten aber die Vorteile über dieses Nietverfahren noch nicht einheitlich, sehr anerkennenden Äußerungen stehen abwartende gegenüber. Im allgemeinen wird man daher annehmen dürfen, daß eine Blechstärke von 40 mm zur Zeit die obere Grenze ist, die gut eingerichtete Werkstätten noch beherrschen können.

Abb. 83. Ansicht einer geschmiedeten und gekümpelten Kesseltrommel der Firma Krupp in Essen von 1200 mm l. W.

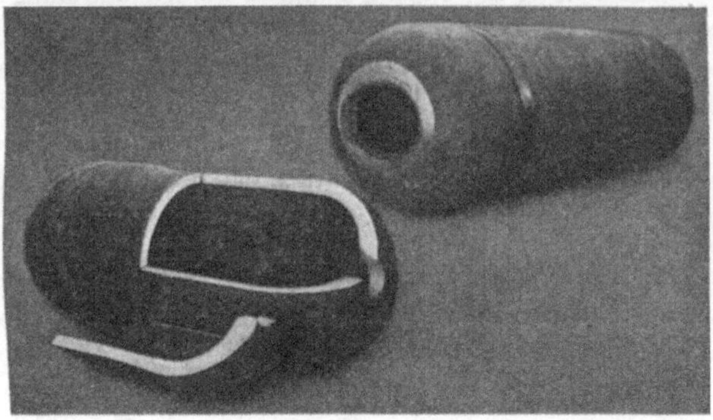

Abb. 84. Vorn gekümpelte und zu Untersuchungszwecken aufgeschnittene Kesseltrommel, hintere Trommel von 800 mm l. W.
Beachte: Mantelschuß und Böden aus einem Stück geschmiedet. Blechdicke in der Gegend des Mannloches verstärkt.

Der Firma Krupp ist es nun gelungen, Kesseltrommeln bis zu den größten Abmessungen durch Schmieden herzustellen, und zwar nicht nur den Kesselschuß selbst, sondern die gesamte Trommel einschließlich der Böden in einem einzigen Stück, Abb. 83 u. 84. Derartige

Trommeln werden aber, worauf noch zurückgekommen wird, weit teurer als genietete, man sollte sie daher nur insoweit verwenden, als hierfür zwingende Gründe vorliegen. In dem Zwischengebiet, wo die Nietung bereits schwierig wird, aber geschmiedete Trommeln mit gekümpelten Böden noch zu teuer sind, dürfte ein Ausweg dadurch gefunden werden, daß man nur den Kesselschuß aus Spezialstahl schmiedet und die Böden einnietet. Das Einnieten der Böden ist deshalb einfacher als das Nieten der Längsnähte, weil durch Abdrehen der Böden und ihrer Einpaßstelle sattes Anliegen sicher erreicht wird und weil der Niethals der Böden und die entsprechende Stelle des Kesselschusses so weit abgedreht werden können, daß die Nieten noch erträglich lang werden, Abb. 85. Endlich ist diese Nietnaht zusätzlichen Beanspruchungen kaum ausgesetzt.

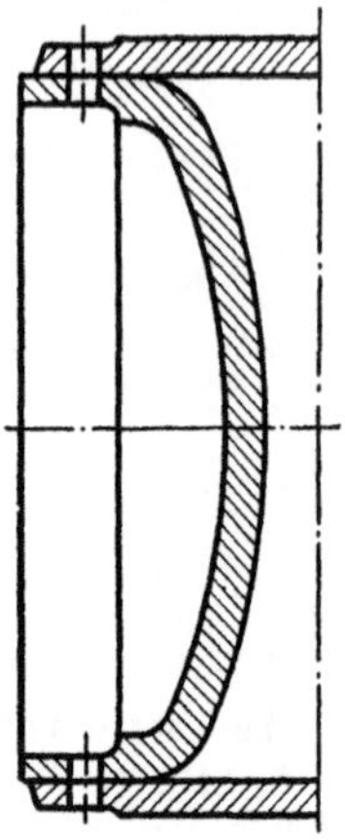

Abb. 85. Einnieten „weicher" Böden in Trommeln aus „harten" oder „legierten" Blechen.

Es wird hierbei möglicherweise vorteilhafter sein, die Böden aus SM-Flußeisen anzufertigen, weil Nickelstahl für die Herstellung einer guten Stemmkante vielleicht zu hart ist. Dann muß gegenüber Abb. 85 der Mantel über den Boden vorstehen, um eine Stemmkante zu erhalten. Wieweit gezogene oder gewalzte Kesseltrommeln wirtschaftlicher als geschmiedete sind, bedarf noch der Nachprüfung, es konnte aus Mangel an Preisunterlagen hier leider nicht untersucht werden.

Schweißnähte scheinen für sehr hohe Drucke vorläufig noch Schwierigkeiten zu machen, weil die Festigkeitseigenschaften von Schweißstellen bei den bisherigen Herstellungsverfahren unter dem Einfluß der hohen Sättigungstemperatur leiden sollen[1]).

VI. Abhängigkeit des Kesselpreises vom Dampfdruck.

a) Allgemeines.

Der Zusammenhang zwischen Kesselpreis und Dampfdruck wurde unter Benutzung zahlreicher eingehender Kalkulationen normaler Kessel der verschiedensten Herkunft festgestellt. Der Kesselpreis hängt aber außer vom Druck von so vielen Punkten ab, wie Kesselgröße, Heizflächenbelastung, Bauart, Blechbeanspruchung usw., daß es selbstverständlich nicht möglich ist, ganz allgemein zu sagen, ein Kessel von z. B. 80 at sei um einen bestimmten Prozentsatz teurer als einer von

[1]) Z. V. d. I. 1923, S. 1145 ff.

z. B. 20 at. Man muß daher versuchen, ähnlich wie bei Feststellung der Abhängigkeit der Heizflächengröße vom Druck für verschiedene Voraussetzungen relative Vergleichswerte zu finden etwa derart, daß man sagen kann, wenn Kessel für verschiedene Drücke dieselbe Bauart haben und nach denselben Grundsätzen und Annahmen bemessen und hergestellt werden, so besteht zwischen ihren Preisen der und der Zusammenhang. Die Berechnung wurde daher für 2 Bauarten (Steilrohrkessel und Schrägrohrkessel) durchgeführt, deren konstruktive und technische Einzelheiten absichtlich so gewählt wurden, daß ihre Preise möglichst eine obere und eine untere Grenze für die Baukosten von Höchstdruckkesseln darstellen. Man kann dann annehmen, daß die Kosten aller anderen, nach ähnlichen Grundsätzen gebauten Kessel zwischen diesen beiden Grenzkurven liegen und sich mehr der oberen oder der unteren nähern, je nachdem, mit welcher der für diese Untersuchung gewählten Kesselbauarten und sonstigen Annahmen sie am meisten übereinstimmen.

Für die obere Grenzkurve und das Druckgebiet von 15 bis 50 at wurde ein bewährter Steilrohrkessel mit 3 Obertrommeln und einer Untertrommel (Typ X) gewählt, wie er bis zu 30 at von mehreren Firmen in vielen hervorragenden Ausführungen geliefert wurde, für 50 bis 100 at ein anderer Steilrohrkessel (Typ Y, Abb. 86). Die Dampf- und Wasserräume beider Kessel wurden absichtlich sehr reichlich angenommen. Die untere Grenzkurve gilt für einen Sektionalkessel, der etwa mit dem Babcock- und Wilcox-Kessel im Waukegan-Kraftwerk übereinstimmt, sehr kleine Wasser- und Dampfräume und keinen besonderen Dampfsammler hat (Typ Z)[1]. Auf diese Weise sollte gleichzeitig ermittelt werden, ob zwischen den Kosten von Sektional- und Steilrohrkesseln im Höchstdruckgebiet Unterschiede grundsätzlicher Natur bestehen.

Um von den zahlreichen nicht kontrollierbaren, durch die Zeitverhältnisse bedingten Beeinflussungen der Preise frei zu bleiben und die gewonnenen Werte möglichst allgemein verwenden zu können, wurden sämtliche Preise in Goldmark für die Verhältnisse in der ersten Hälfte des Jahres 1914 errechnet. Als Grundlage hierfür dienten etwa 50 sorgfältig ausgearbeitete Angebote zahlreicher Firmen auf Kessel der verschiedensten Größe und Bauart aus jener Zeit. Einige dieser Firmen stellten mir außerdem für verschiedene Angebote noch die Kalkulation der einzelnen Posten zur Verfügung, so daß eine sehr weitgehende Gewähr dafür gegeben ist, daß die Ausgangswerte meiner Berechnungen mit den tatsächlichen Verhältnissen bei einer gut eingerichteten und gut geleiteten Kesselfabrik befriedigend übereinstimmen. Soweit es sich um geschmiedete oder aus Spezialstählen hergestellte Trommeln handelt und soweit andere, vom Normalen abweichende Konstruktionen in Frage

[1]) Münzinger: Amerikanische Dampfkessel S. 75.

kommen, wie z. B. Sektionen, sind entweder die Originalpreise der betreffenden Lieferfirmen eingesetzt oder die Kosten des betreffenden Stückes sehr sorgsam unter Verwendung derselben Grundpreise und Arbeitslöhne errechnet worden. In den Preisen ist ein angemessener Aufschlag als Nutzen für die Kesselfabrik enthalten. Die Werte der Abb. 86 stellen daher Preise dar, wie sie im Jahre 1914, wo im Kesselbau noch keine Preiskonvention, wohl aber ein sehr scharfer Wettbewerb bestand, angemessen waren und von mittleren Bestellern bezahlt werden mußten. Sehr große Besteller erhielten Vorzugspreise, kleinere Besteller mußten noch etwas mehr anlegen.

Die Grundpreise oder gewisse Annahmen des ganzen Rechnungsganges hätten hier und dort vielleicht auch etwas anders angesetzt werden können, da bei einem von so zahlreichen, verwickelten Faktoren abhängigen Rechnungsgang in Einzelheiten verschiedene Auffassungen und Voraussetzungen möglich sind. Etwaige Einseitigkeiten hätten auf das Endergebnis aber schon deshalb nur untergeordneten Einfluß, weil sie bei allen Drücken im gleichen Sinne wirken und weil es nicht so sehr auf absolut richtige Werte, sondern auf ein richtiges Verhältnis der Werte untereinander ankommt. Alles in allem darf daher gesagt werden, daß die folgenden Ermittlungen mit der Wirklichkeit so gut übereinstimmen, wie es von einer derartigen Berechnung überhaupt erwartet werden kann und daß sie für die Beurteilung des Einflusses verschiedener technischer und konstruktiver Maßnahmen auf den Kesselpreis und der Wirtschaftlichkeit hoher Kesseldrücke sehr brauchbar und genügend zuverlässig sind.

b) Voraussetzungen und Ergebnisse.

Für Bauart X und Drücke bis zu 30 at wurde der Preis jedes einzelnen Postens der gesamten Lieferung wie der Trommeln, Überhitzer, feinen Armaturen, Wasserrohre, Einmauerung usw. auf Grund der sorgfältig ermittelten Einzelgewichte errechnet. Da aus den in Abschnitt IIa erwähnten Gründen nicht die Kosten von Kesseln derselben Heizfläche, sondern von Kesseln derselben Rostfläche, derselben Rostbelastung und desselben Wirkungsgrades Vergleichsmaßstab sein müssen, bleiben über das gesamte untersuchte Druckgebiet die Kosten für Rost- und Saugzuganlage konstant. Von 30 at an macht bei Steilrohrkesseln der Preis der Kesseltrommeln, bei Sektionalkesseln der Preis der Obertrommel und der Sektionen einen immer größeren Teil des Gesamtpreises aus, deshalb wurde der Einfachheit wegen angenommen, daß auch die Kosten der Einmauerung, des Kesselgerüstes und der groben Armatur gleichbleiben. Diese Annahme trifft nicht völlig zu. Die Ungenauigkeit ist aber so geringfügig, daß es schon der besseren Übersichtlichkeit wegen vorteilhafter ist, mit gleichbleibenden Preisen dieser Teile zu rechnen.

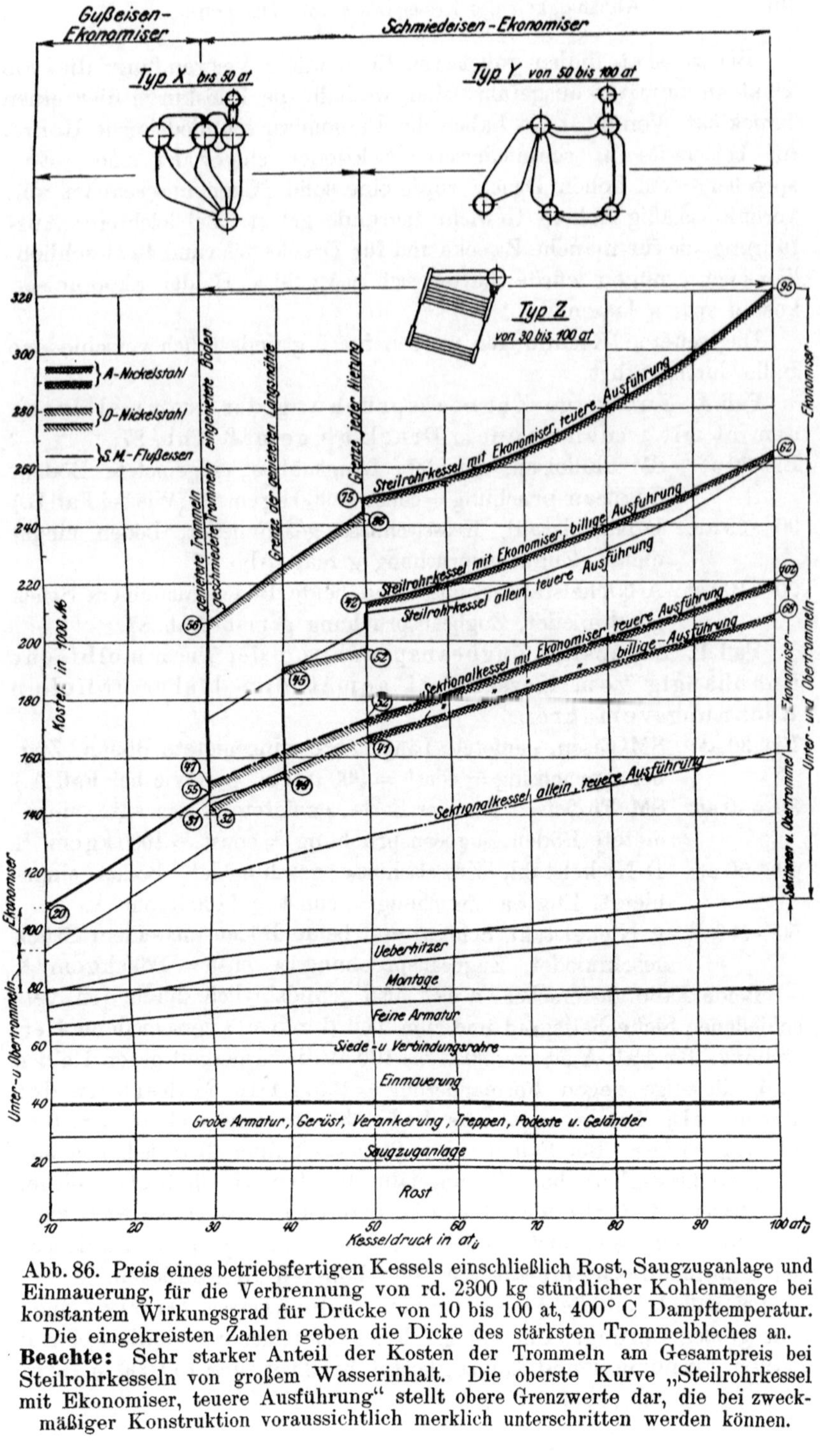

Abb. 86. Preis eines betriebsfertigen Kessels einschließlich Rost, Saugzuganlage und Einmauerung, für die Verbrennung von rd. 2300 kg stündlicher Kohlenmenge bei konstantem Wirkungsgrad für Drücke von 10 bis 100 at, 400° C Dampftemperatur. Die eingekreisten Zahlen geben die Dicke des stärksten Trommelbleches an.

Beachte: Sehr starker Anteil der Kosten der Trommeln am Gesamtpreis bei Steilrohrkesseln von großem Wasserinhalt. Die oberste Kurve „Steilrohrkessel mit Ekonomiser, teuere Ausführung" stellt obere Grenzwerte dar, die bei zweckmäßiger Konstruktion voraussichtlich merklich unterschritten werden können.

Bis zu 30 at finden gußeiserne Ekonomiser Verwendung, die von 20 at an verstärkt ausgeführt sind, weshalb die Preiskurve hier einen Knick hat. Von 30 at an haben die Ekonomiser schmiedeiserne Rohre, die beiderseits in schmiedeiserne Sektionen eingewalzt sind. Entsprechend dem hohen Druck wurde eine solide Ekonomiserbauart von verhältnismäßig hohem Gewicht zugrunde gelegt. Bei leichterer Ausführung, die für manche Zwecke und für Drücke bis rund 40 at schließlich auch genügen würde, hätten sich etwa 20 v. H. der Ekonomiserkosten sparen lassen.

Die weiteren Rechnungen wurden für 2 grundsätzlich verschiedene Fälle durchgeführt.

Fall A. Zulässige Zugbeanspruchung der Trommelbleche nimmt mit zunehmendem Druck ab gemäß Abb. 87.

Bis 30 at: SM-Flußeisen, genietete Längsnähte, eingenietete Böden, Zugbeanspruchung = const = 900 kgcm $^{-2}$. (Wie bei Fall B.)

30—50 at: D-Nickelstahl, Kesselschüsse geschmiedet, Böden eingenietet, Zugbeanspruchung gemäß Abb. 87.

50—100 at: A-Nickelstahl, Schüsse und beide Böden aus einem Stück geschmiedet, Zugbeanspruchung gemäß Abb. 87.

Fall B. Zulässige Zugbeanspruchung der Trommelbleche unabhängig vom Kesseldruck gemäß dem bisher üblichen Rechnungsverfahren.

Bis 30 at: SM-Eisen, genietete Längsnähte, eingenietete Böden, Zugbeanspruchung = const = 900 kgcm $^{-2}$. (Wie bei Fall A.)

30—40 at: SM Flußeisen härterer Sorte, genietete Längsnähte, eingenietete Böden, Zugbeanspruchung = const = 1000 kgcm $^{-2}$.

40—50 at: D-Nickelstahl, Kesselschüsse geschmiedet, Böden eingenietet, Zugbeanspruchung = const = 1100 kgcm $^{-2}$.

50—100 at: A-Nickelstahl, Schüsse und beide Böden aus einem Stück geschmiedet, Zugbeanspruchung = const = 1200 kgcm $^{-2}$.

Beide Fälle unterscheiden sich also grundsätzlich durch den verschiedenen Sicherheitsgrad und zum Teil durch die verschiedene Herstellung. Bei Fall A ist von 30 at bis 100 at die Sicherheit gegen Reißen = 5, diejenige gegen Formänderung = 2,5. Die Sicherheit der Trommeln ist somit oberhalb 30 at wesentlich größer als darunter. Bei Fall B ist die Sicherheit über 30 at, lediglich was die Zerreißfestigkeit betrifft, ungefähr dieselbe wie die heute übliche, mit Bezug auf Kerbzähigkeit und Formänderung ist sie dagegen zum Teil noch geringer, insbesondere bei Berücksichtigung des Einflusses der größeren Blechtemperatur bei den höheren Kesseldrücken.

Bei Fall A hat die Preiskurve von Steilrohrkesseln bei 30 at einen sehr großen Sprung. Ein völliger betriebsfertiger Steilrohrkessel mit Rosten, Ekonomiser und Saugzug kostet bei 30 at rund 150 000 M. bzw.

205 000 M., d. h. rund 30 v. H. mehr, je nachdem ob die Trommeln aus SM-Flußeisen genietet und mit 900 kgcm^{-2} beansprucht oder ob sie aus geschmiedeten Schüssen aus D-Nickelstahl mit eingenieteten Böden und einer gemäß Fall A festgesetzten Beanspruchung hergestellt werden. **Beanspruchung der Bleche und Herstellung der Trommeln beeinflussen also die Kosten von Höchstdruckkesseln entscheidend.**

In Abschnitt Va wurde die Abnahme wichtiger Festigkeitseigenschaften von SM-Flußeisen bei wachsender Temperatur gezeigt. Sie gehen zwar auch bei den beiden Nickelstählen zurück, aber in erheblich geringerem Maße. Um diesem Umstand Rechnung zu tragen, wurde bei Fall A von 30 at an mit 5facher Sicherheit gegen Bruch und 2,5facher Sicherheit gegen Überschreitung der Streckgrenze gerechnet. In Abb. 77 sind in Abhängigkeit von der Betriebstemperatur des Bleches bzw. vom Kesseldruck für SM-Flußeisen und für die beiden Nickelstähle die von Krupp garantierten (nicht die tatsächlichen) Werte für die Zugfestigkeit und die Streckgrenze eingetragen. Dividiert man die Werte der ersten Kurve durch 5, die der zweiten durch 2,5, so erhält man neue Kurvenzüge, die der besseren Deutlichkeit wegen in Abb. 76 nur für SM-Flußeisen und A-Nickelstahl wiedergegeben sind und sich insofern voneinander unterscheiden, als bei A-Nickelstahl die zulässige Beanspruchung auf Formänderung schon von rund 100° C an niedriger als die zulässige Zugbeanspruchung ist. Von 30 at ab wurden daher bei Fall A die Werte der tiefer liegenden Kurve benutzt. Oberhalb 30 at haben also bei Fall A die Kesseltrommeln durchweg mindestens 2,5fache Sicherheit gegen Formänderung und 5fache Sicherheit gegen Reißen. Der kleinere dieser beiden Werte wurde in Abb. 87 in Abhängigkeit vom Kesseldruck für die 3 verschiedenen Baustoffe eingetragen. Nach Abb. 87 liegen bei Fall A die Materialbeanspruchungen durchweg erheblich tiefer als 900 kgcm^2, mit welchem Werte die Wandstärken zur Zeit unabhängig vom Kessel-

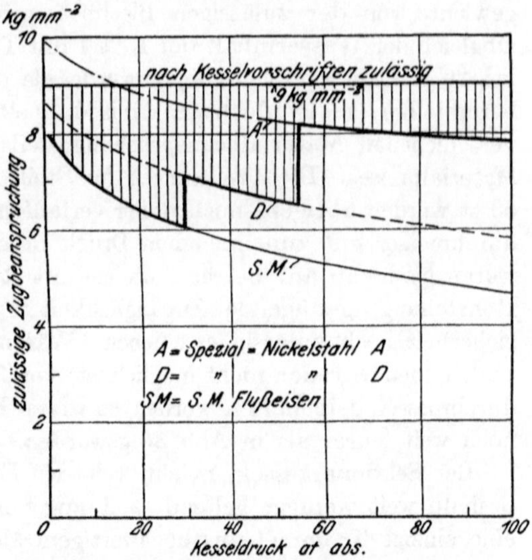

Abb. 87. Für die Berechnung der Wandstärke von Kesseltrommeln gemäß Fall A auf S. 80 gewählte Blechbeanspruchungen und Blechsorten bei verschiedenen Kesseldrücken.

druck errechnet werden. Diese großen Unterschiede in der Materialausnutzung im Verein mit dem teuereren Blechmaterial und der erheblich teuereren Herstellung erklären den großen Preissprung bei 30 at.

An einigen kennzeichnenden Stellen der Kurven für den Gesamtpreis in Abb. 86 ist die Stärke des bei dem betreffenden Druck dicksten Trommelbleches eingetragen, um zu zeigen, wie sehr die Trommelgewichte von der zulässigen Blechbeanspruchung beeinflußt werden. Obgleich der Wasserinhalt der Kessel mit Trommeln aus D-Nickelstahl bei 30 at kleiner angenommen wurde als derjenige aus SM-Flußeisen hergestellter, so ist doch ihr Preis doppelt so hoch, teils infolge der verschiedenen Materialbeanspruchung, teils infolge des verschiedenen Materialpreises. Die Preiskurven für Steilrohrkessel oberhalb 30 bzw. 50 at würden übrigens noch steiler verlaufen, wenn nicht die Trommeldurchmesser mit zunehmendem Druck immer kleiner gewählt worden wären bis herab auf Beträge, wie sie mit Rücksicht auf auskömmliche Rohrteilung, genügende Zugänglichkeit und ausreichende Betriebssicherheit noch zulässig erschienen. Wären (was natürlich schon aus praktischen Gründen nicht möglich ist) von 30 at an dieselben Trommeldurchmesser beibehalten worden, so wären Höchstdruck-Steilrohrkessel noch weit teurer als in Abb. 86 geworden.

Bei Sektionalkesseln macht sich der Einfluß des hohen Druckes deshalb weit weniger geltend, weil angenommen wurde, daß sie nur eine einzige Trommel aus hochwertigem Material und keinen Dampfsammler haben, da die Sektionen infolge ihres kleinen Querschnittes bis zu 100 at voraussichtlich aus SM-Flußeisen hergestellt werden können.

Bei Benutzung von Abb. 86 darf übrigens nicht außer acht gelassen werden, daß sich die Kessel-, Überhitzer- und Ekonomiserheizflächen gemäß dem auf Seite 11 angegebenen Rechnungsverfahren mit zunehmendem Drucke ändern.

Auffällig ist das starke Ansteigen der Kosten für feine Armaturen. Wenngleich sie das Gesamtergebnis nicht merklich beeinflussen, so wurde mit Rücksicht auf ihre große Bedeutung für die Betriebssicherheit und die geringen vorliegenden Erfahrungen trotzdem sehr vorsichtig gerechnet. Es ist anzunehmen, daß sich bei den höchsten Drücken 20—30 v. H. dieses Betrages werden ersparen lassen.

Die Wandstärke der Wasserrohre wurde bei niederem Druck mit 3—3,5 mm, bei 100 at mit 5 mm angenommen. Diejenige der schmiedeisernen Ekonomiserrohre wurde zu 3,5—6 mm gewählt, da sie außer hoher mechanischer Beanspruchung auch inneren und äußeren Korrosionen ausgesetzt sind. Die engrohrigen Überhitzerschlangen haben 3,5—4,5 mm Wandstärke. Die Durchmesser der verschiedenen Rohre wurden so gewählt, wie es für den betreffenden Druck und Verwendungszweck am geeignetsten erschien.

Abb. 86 zeigt nun für Kessel gleicher stündlicher Wärmeerzeugung und gleichen Wirkungsgrades folgendes interessantes Ergebnis:

1. Der Preis eines nach Fall A berechneten Höchstdruck-Steilrohrkessels samt allem Zubehör ist bei 80—100 at rund 2,4—2,8 mal so teuer wie der eines „normalen" Kessels für 15 at.

2. Der Preis eines nach Fall A berechneten Sektionalkessels mit nur einer Obertrommel samt allem Zubehör ist unter denselben Verhältnissen 1,75—1,9 mal so teuer.

3. Bei „normalen Kesseln" nachgebauten Höchstdruck-Steilrohrkesseln machen die Kosten der Trommeln den Hauptanteil an den Gesamtkosten aus.

4. Bei einer Berechnung nach Fall A können 3 Preiszonen unterschieden werden:
   a) das Niederdruckgebiet bis zu etwa 30 at,
   b) das Mitteldruckgebiet von etwa 30—50 at,
   c) das Höchstdruckgebiet von mehr als 50 at.

5. Bei Steilrohrkesseln nach Fall A betragen die Ekonomiserkosten zwischen 10 und 30 at rund 12—14 v. H., bei 80—100 at 17—18 v. H., bei Sektionalkesseln und 80—100 at 25 v. H. der Gesamtkosten.

6. Wird auch die Wandstärke der Trommeln von Höchstdruckkesseln nach den zur Zeit bestehenden Grundsätzen berechnet, so kosten Steilrohrkessel bei 40 at nur rund 70 v. H., bei 50—100 at nur rund 80 v. H. der nach Fall A berechneten Kessel.

7. Auf die Kosten von Höchstdruck-Sektionalkesseln ist es ohne großen Einfluß, ob sie nach Fall A oder Fall B ausgeführt werden.

8. Der Preis von Höchstdruck-Steilrohrkesseln wird entscheidend von ihrem Wasserinhalt, der Art der Trommelherstellung und der gewählten Blechbeanspruchung beeinflußt[1]).

c) Konstruktive Folgerungen.

Bei Beurteilung der wirtschaftlichen Aussichten von Höchstdruckdampf muß von folgenden Voraussetzungen ausgegangen werden:

a) Verzinsung und Abschreibung der Mehr-Kapitalkosten dürfen nicht größer sein als die erzielten Kohlenersparnisse;

b) die Bedienung darf nicht oder nur in solchem Maße schwieriger und teurer sein, als es durch die erzielten Kohlenersparnisse gerechtfertigt erscheint;

c) die Betriebssicherheit und die Sicherheit für Leib und Gut müssen die gleichen wie bei niederen Drücken sein.

[1]) Nach einer Mitteilung, die mir die Firma Krupp nach meinem Vortrag über das vorliegende Thema machte (18. II. 1924), kann voraussichtlich mit einer Verbilligung der Preise geschmiedeter Trommeln aus Spezial-Nickelstählen gegenüber den dieser Berechnung zugrunde liegenden Werten gerechnet werden.

Im vorhergehenden Abschnitt wurde die überragende Bedeutung der zulässigen Blechbeanspruchung für die Kesselkosten gezeigt. Meines Erachtens wird man nun wohl nicht auf 5fache Sicherheit gegen Bruch und 2,5fache Sicherheit gegen Formänderung zu gehen brauchen, besonders bei Nickelstählen, die gegen Reckung soviel unempfindlicher als SM-Flußeisen sind wie die durch Abb. 79 u. 80 gekennzeichneten. Andererseits erscheint es aber nicht unbedenklich, bei den höchsten Drücken dieselbe Zugbeanspruchung zuzulassen, mit der zur Zeit noch bei 10—20 at gerechnet wird. Es wird also ein Kompromiß angestrebt werden müssen, das sich auf mittlerer Linie bewegt und das neben der zulässigen Blechbeanspruchung vielleicht gewisse Sicherungen bei Prüfung und Verarbeitung der Bleche vorschreibt. Daneben wird peinlich Vorsorge dafür zu treffen sein, daß alle zusätzlichen, durch Berechnung nicht erfaßbaren Beanspruchungen von den Trommeln und sonstigen Kesselteilen ferngehalten werden. Es muß daher in erhöhtem Maße für ihre tunlichst ungehinderte Ausdehnungsmöglichkeit infolge Erwärmung und dafür Sorge getragen werden, daß durch Temperaturunterschiede in der Blechwand oder andere Einflüsse keine zusätzlichen Spannungen zu den durch den inneren Überdruck verursachten kommen. Die Trommeln sind daher wenigstens im Bereich höherer Temperaturen vor der Berührung durch die Rauchgase möglichst zu schützen, sei es, daß man sie entsprechend lagert, sei es, daß man sie durch feuerfeste Zungen zwischen den Wasserrohren nach dem Vorschlag der Schmidtschen Heißdampfgesellschaft der Wärmeaufnahme entzieht, Abb. 88 zeigt, welch hohe zusätzliche Beanspruchung bei dicken Blechen auftreten können, wenn sie von heißen Gasen bespült werden und wie wichtig daher ihr Schutz gegen Beheizung ist. Das Speisewasser sollte selbstverständlich vorzüglich gereinigt werden, um Kesselsteinbildung und Blechüberhitzung von vornherein auszuschließen.

Die wichtigste Abmessung eines Kessels, seine Stirnbreite, hängt hauptsächlich von seiner stündlichen Dampfleistung, dem Heizwert und Charakter der Kohle und der zulässigen spezifischen Rostbelastung ab. Für gegebene Verhältnisse bekommt daher der Feuerraum eine gewisse Mindestbreite, durch die bei Steilrohrkesseln und bei Schrägrohrkesseln mit querliegendem Oberkessel, Abb. 45, die Trommellänge festgelegt wird. Geht man zunächst von Steilrohrkesseln aus, so ergibt sich bei einer bestimmten Trommellänge und einem bestimmten Trommeldurchmesser eine innerhalb verhältnismäßig enger Grenzen liegende Zahl von Einwalzbohrungen. Da eine Rohrlänge von 4500 bis 6500 mm und bei sehr hohen Drücken Rohrdurchmesser von 50 bis etwa 75 mm sich als gangbare Werte erweisen dürften, kommt unter mittleren Verhältnissen auf ein Rohrbündel von bestimmter Trommellänge eine gleichfalls in ziemlich engen Grenzen liegende Kesselheizfläche. Mit Rücksicht auf die hohen Kosten der Kesseltrommeln müssen ihre Abmessungen tunlichst beschränkt werden. Man sollte also ihren Umfang für die Unterbringung von Einwalzöffnungen so weitgehend auszunützen versuchen, als es mit Rücksicht auf andere wichtige Forderungen möglich ist. Mittelwände senkrecht zur Kesselstirnwand, die in Deutschland ebenso beliebt wie in vielen Fällen überflüssig oder gar nachteilig sind, sollte man weglassen, weil sie das Trommelgewicht unnütz erhöhen. Geht man aber auf diese Weise vor, so

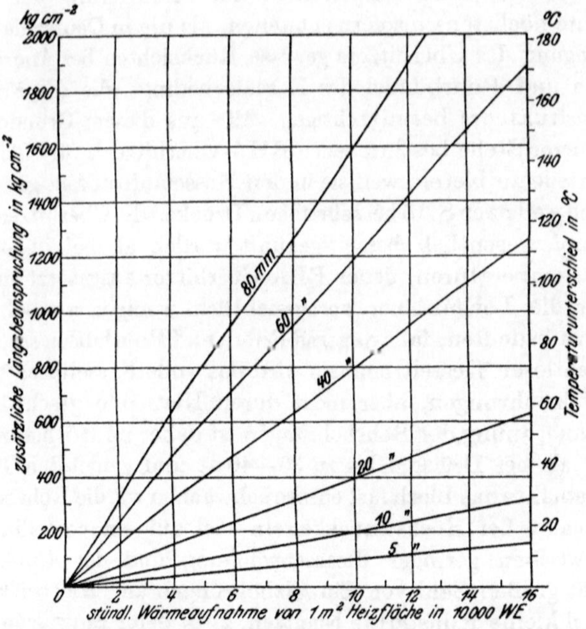

Abb. 88. Zusätzliche Längsbeanspruchung des Mantels von Kesseltrommeln bei verschiedener Blechdicke und verschieden starker Beheizung.

Beachte: Bei großer Blechdicke erzeugt selbst bei reinem Blech bereits eine schwache Beheizung der Trommeln erhebliche zusätzliche Spannungen, bei Kesselsteinansatz kann daher Beheizung verhängnisvoll werden.

kommt man, da ja die Kesselheizfläche bei sehr hohen Drücken verhältnismäßig klein wird, in den meisten Fällen mit zwei Rohrbündeln und 3 oder höchstens 4 Kesseltrommeln aus (siehe S. 33).

Zahl und Durchmesser der Trommeln sollten also unter Beachtung vorstehender Punkte so weit verringert werden, als es konstruktive und betriebstechnische Rücksichten irgendwie zulassen. Der Trommeldurchmesser darf jedoch einen gewissen Mindestwert nicht unterschreiten, weil

1. sonst die Rohre nicht mehr gut eingewalzt oder gereinigt werden können;

2. über dem Wasserspiegel der Obertrommeln eine gewisse Höhe bleiben muß, um Dampf und Wasser voneinander zu scheiden;

3. (schon aus Festigkeitsrücksichten) die Teilung der Rohre einen gewissen Mindestwert nicht unterschreiten sollte.

Immerhin kann wesentlich unter die Werte der für Abb. 86 benutzten Bauarten X und Y heruntergegangen werden, deren Wasser- und Dampfräume aus den auf S. 77 angegebenen Gründen ja absichtlich reichlich gewählt wurden. Eine Schwierigkeit bei Verringerung der Trommelzahl könnte höchstens insofern entstehen, als die in Deutschland übliche Unterbringung des Überhitzers gewisse Rücksichten bei Anordnung der Trommeln und Rohrbündel des Kessels bedingt, die die Freiheit des Kesselkonstrukteurs beeinträchtigen. Mit aus diesem Grunde könnten die an anderer Stelle beschriebenen RHA-Überhitzer[1]) für Höchstdruckkessel Vorteile zu bieten, weil sie in den Kesselaufbau fast gar nicht eingreifen und weil nach S. 15 bei sehr hohen Drücken die Überhitzerschlangen vom Dampf wesentlich besser gekühlt werden als bei 10—20 at. Die hohen Gastemperaturen, denen RHA-Überhitzer ausgesetzt sind, haben daher für die Lebensdauer voraussichtlich weniger als bei normalen Drücken zu bedeuten, falls dauernd Rohre und Rohrhülsen satt anliegen.

Bei nahtlosen Kesseltrommeln wird das volle Kesselblech nur durch die Einwalzbohrungen, aber nicht durch Nietnähte geschwächt. Geschickte Anordnung der Rohrbohrungen ist daher im Höchstdruckgebiet wichtiger als bei Drücken bis zu 30—40 at und genieteten Trommeln, wo die Nietnähte das Blech fast ebenso schwächen wie die Rohrbohrungen. Daher kommt bei Höchstdruckkesseln viel auf ein vorteilhaftes Verhältnis zwischen geringer Blechschwächung und der Unterbringung einer recht großen Zahl von Einwalzbohrungen an. Hierbei kann man mit Vorteil kleine Kunstgriffe benutzen, z. B. beim Einwalzen der Verbindungsrohre zwischen Sektionen und Obertrommeln, indem man je nach der Sektionsbreite die Verbindungsnippel nach rechts und links abbiegt, damit das Blech in derselben Ebene weniger geschwächt wird. Für die Bemessung der Kesseltrommeln für Höchstdruckkessel sollten also weniger Rücksichten auf ausreichende Speicherfähigkeit als darauf eine Rolle spielen, daß die der zulässigen Wasserspiegelabsenkung entsprechende Wassermenge ausreicht, um über eine Speisestockung hinwegzuhelfen. Eine einfache Nachrechnung zeigt, daß man auch hier schnell auf Werte kommt, die nicht mehr überschritten werden können, so daß für das Beseitigen solcher Stockungen in vielen Fällen kaum mehr als 6 bis 12 min zur Verfügung stehen dürften. Deshalb müssen die Speisevorrichtungen so getroffen werden, daß auch ein kurzzeitiges Versagen der

[1]) Münzinger: Amerikanische Großdampfkessel S. 87.

Speisewasserzufuhr so gut wie ausgeschlossen ist. Ferner ist es ratsam, die Trommeln gegen unmittelbare Berührung durch heiße Gase so weit zu schützen, daß sie auch bei völliger Entblößung von Wasser nicht überhitzt werden können.

Die großen Kosten von Höchstdruckkesseln fallen um so weniger ins Gewicht, je höher ihre spezifische Heizflächenleistung ist; sie werden sich also bei minderwertiger Braunkohle stärker als bei hochwertiger Steinkohle fühlbar machen. Mit aus diesem Grunde kommt Kohlenstaubfeuerungen bei Höchstdruckkesseln erhöhte Bedeutung zu, da die Heizflächenleistung bei ihnen vom Charakter eines Brennstoffes fast gar nicht beeinflußt wird; da Kesselreserven, wie sie z. B. mit Rücksicht auf starke und langandauernde Regengüsse in Braunkohlenkraftwerken vorgesehen werden müssen, nicht erforderlich sind und da, je nach dem Charakter einer Kohle, eine um 10—25 v. H. höhere Dampfleistung aus den Kesseln herausgeholt werden kann, als bei unmittelbarer Verfeuerung feuchter Brennstoffe.

Da endlich bei sehr hohen Drücken nicht nur die Wandstärke, sondern auch der kg-Preis der Trommeln sehr groß ist, weil sie nicht mehr genietet, sondern aus teueren Baustoffen und mit teueren Verfahren hergestellt werden müssen, kann ganz allgemein gesagt werden, daß Kessel und Ekonomiser unter weitgehendem Verzicht auf alle Bestandteile von großem Durchmesser gebaut werden sollten. Schmiedeiserne Ekonomiser mit Trommeln sind daher offensichtlich für Höchstdruckkessel weniger geeignet als solche mit Sammelkästen. Eine Beschränkung ihres Wasserinhaltes auf den unbedingt erforderlichen Mindestwert erscheint aus denselben Gründen angezeigt.

d) Ersparnisse bei weitgehendem Ersatz der Kessel-Wasserräume durch Wärmespeicher.

Je kleineren Wasserraum Steilrohrkessel erhalten, um so ähnlicher werden sie Sektionalkesseln mit Bezug auf Empfindlichkeit bei Spitzenbelastung. Durch verhältnismäßig recht kleine Ruths-Speicher kann aber auch bei Höchstdruckkesseln mit sehr geringem Wasserinhalt dieselbe oder eine größere Unempfindlichkeit gegen Spitzen erzielt werden, wie sie z. B. Steilrohrkessel mit großem Wasserraum bei Drücken von 15—20 at haben. Die Schaffung eines ausreichenden Puffervermögens durch Einschaltung eines Ruths-Speichers in das Dampfnetz einer Höchstdruckanlage ist aber, wie noch gezeigt werden wird, nicht nur konstruktiv und betriebstechnisch leicht möglich, sondern auch wirtschaftlich äußerst vorteilhaft. Ein mit Höchstdruckkesseln zusammenarbeitender Ruths-Speicher, deren Wasserraum aus konstruktiven oder finanziellen Gründen unzureichend bemessen wurde, ist nichts anderes als die Zusammenfassung der kleinen, absolut und spezifisch nicht genügend leistungsfähigen Wasserräume zahlreicher Kessel in einem einzigen großen, aus konstruktiven, thermischen und finanziellen Gründen in das Niederdruckgebiet verlegten Wasserbehälter. Ruths-Speicher sind hier deshalb absolut und relativ so billig, weil ihre Speicherfähigkeit verhältnismäßig nur sehr klein zu sein braucht, da sie im Gegensatz zu ihrem sonstigen Verwendungszweck ja nur „Minutenspitzen“ von kleiner absoluter Größe aufzunehmen haben, und weil sie im Gegensatz zu den Trommeln von Höchstdruckkesseln aus billigem SM-Flußeisen hergestellt werden können, dessen kg-Preis nur ein Bruchteil des kg-Preises geschmiedeter Spezialstähle ist. Da zudem die Speicherfähigkeit von 1 m^3 Wasser bei dem für die Ruths-Speicher in Frage kommenden Druckgebiet (15 at) weit größer als bei 50—100 at ist, Abb. 64, sind die Anlagekosten für dieselbe Speicherleistung bei einem Ruths-Speicher viel niederer als bei Höchstdruckkesseln.

Während man bei Wasserrohrkesseln für 10—20 at manchmal geteilter Meinung sein kann, ob es, wenn auch vielleicht nicht gerade billiger, so doch einfacher ist, ihre Wasserräume reichlich groß zu machen und von der Aufstellung besonderer Wärmespeicher abzusehen, sind die Mehrkosten einigermaßen ausreichender Trommelvolumina bei Höchstdruckkesseln gegenüber einem ins Niederdruckgebiet verlegten Ruths-Speicher gleicher — und selbst erheblich größerer — Speicherleistung so außerordentl ch groß, daß es in der überwiegenden Zahl aller praktisch vorkommenden Fälle billiger ist, Anzahl und Durchmesser der Kesseltrommeln so klein zu nehmen, wie es aus betriebstechnischen und konstruktiven Gründen gerade noch zulässig ist, und die Pufferung einem Niederdruck-Ruths-Speicher zu übertragen.

Bei Bemessung des Wasserraumes bzw. der Zahl und Durchmesser der Trommeln von Höchstdruckkesseln sollte also auf Belastungsschwankungen keine Rücksicht genommen werden, sondern nur auf ausreichende Zugänglichkeit und auf Erzeugung trocknen Dampfes. Einfügung von Ruths-Speichern im Niederdruckgebiet (10—15 at) ist meist erheblich billiger als entsprechende Vergrößerung der Durchmesser und Zahl der Kesseltrommeln.

e) Ersparnisse durch Kessel großer Einzelleistung.

Nach Abb. 89, die den verhältnismäßigen Preis eines vollständigen Kessels in Abhängigkeit von der Heizfläche für 20 at Druck zeigt, nehmen die Kosten von 1 m^2 Kesselheizfläche bei Erhöhung der Heizfläche von 400 m^2 auf 1100 m^2 um rund 17 v. H. ab. Die Werte von Abb. 89 sind für einen Steilrohrkessel nach Bauart X in Abb. 86 unter der Voraussetzung, daß Heizflächenbelastung und Wirkungsgrad gleichbleiben, sehr sorgfältig errechnet worden. Auch bei sehr hohen Drücken wird der Einfluß der

Größe der Heizfläche ähnlich sein. Im Interesse mäßiger Baukosten von Höchstdruckwerken ist es daher angebracht, wenige, aber große Kessel (wenigstens in größeren Werken) aufzustellen.

Bei Höchstdruckkesseln ist der Kostenanteil der Siederohre verhältnismäßig gering, Abb. 86. Man tut daher gut daran, die eigentliche Kesselheizfläche reichlich zu wählen, so lange dadurch die Abmessungen der Trommeln nicht beeinflußt werden. Bei Sektionalkesseln wird sich öfters eine verhältnismäßig große Zahl übereinanderliegender Rohrreihen empfehlen.

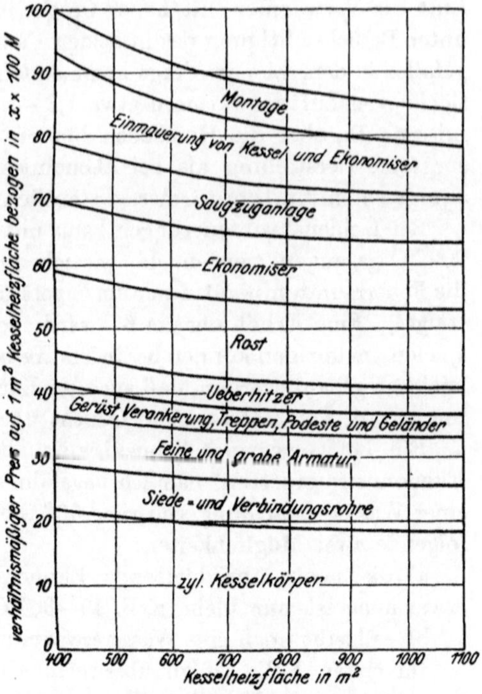

Abb. 89. Verhältnismäßiger Preis von 1 m² Kesselheizfläche einschl. allen Zubehöres bei Kesseln von 400 bis 1100 m² und 20 at Kesseldruck.

Beachte: Durch Wahl großer Kessel lassen sich erhebliche Ersparnisse erzielen, zu denen noch die Ersparnisse an Gebäuden, Fundamenten, Rohrleitungen usw. kommen.

f) Ersparnisse durch Luftvorwärmer.

Im Gegensatz zu Ekonomisern brauchen Luftvorwärmer gegen die Rauchgase nicht völlig dicht und vor allem nicht druckfest zu sein. Sie können daher aus billigen, leicht herstellbaren Blechtaschen zusammengesetzt werden. Es hat sich hier schon eine gewisse Einheitlichkeit insofern herausgebildet, als fast allgemein auf Rohre als Heizfläche verzichtet wird, weil sie zu teuer sind, weil sie keine günstige Wärmeübertragung bzw. Gasführung gestatten und weil ihre Reinigung schwierig ist. Luftvorwärmer bestehen daher fast durchweg aus flachen Blechscheiben, die in Form einzelner schmaler Taschen aneinandergereiht sind und innen von der Luft, außen von den Rauchgasen bespült werden. Es sind einige recht geschickte Konstruktionen durchgebildet worden, die aber auf bequeme Reinigung der äußeren Heizfläche und auf eine wärme- und druckverlustfreie

Überführung der angewärmten Luft zur Feuerung nicht immer genügend Rücksicht nehmen.

Die Wärmedurchgangszahl gußeiserner Ekonomiser liegt etwa zwischen 10 und 20 kcal $m^{-2}h^{-1}(°C)^{-1}$. Setzt man voraus, daß infolge der feineren Unterteilung der Rauchgase Luftvorwärmer rauchgasseitig einen um 25 v. H. besseren Wärmeübergang haben und daß die Luft die Vorwärmer mit hoher Geschwindigkeit durchströmt, so wird unter Berücksichtigung des in beiden Fällen verschiedenen Temperaturgefälles in dem hier in Frage kommenden Temperaturbereich die Heizfläche von Luftvorwärmern etwa 1,3—1,6 mal so groß wie bei Ekonomisern. Da aber die Heizfläche dünnere Wandstärke hat und weniger sorgsame Herstellung als bei Ekonomisern genügt, ist der Preis eines äquivalenten Luftvorwärmers wesentlich billiger.

Bei Kohlenstaubfeuerungen kann mit der Lufttemperatur auf etwa 200° C gegangen werden, da, wie ich an anderer Stelle gezeigt habe, die Feuerraumtemperatur nur um ungefähr 30 v. H. der Luftvorwärmung steigt[1]). Eine Erhöhung um 60° wird aber in vielen Fällen keine Rolle spielen, im übrigen können besonders Kessel mit Kohlenstaubfeuerungen leicht so gebaut werden, daß auch bei Luft von 200° C eine Feuerraumtemperatur von 1450—1500° C nicht überschritten wird.

Ein Luftvorwärmer kann aber im allgemeinen nur einen Teil des Ekonomisers ersetzen, nämlich ungefähr die Ekonomiserheizfläche, die einer Wassererwärmung von rund 70° C entspricht. Es bestehen daher folgende zwei Möglichkeiten:

a) die noch übrigbleibende Ekonomiserheizfläche bzw. Wassererwärmung ist nur klein, z. B. 10—30° C,

b) es bleibt noch eine Wassererwärmung von 30° C und mehr übrig.

Im ersten Falle ist zu überlegen, ob auf Ekonomiser nicht ganz verzichtet und die Kesselheizfläche entsprechend größer gemacht werden soll. Dies wird häufig vorzuziehen sein, weil dann alle durch den Ekonomiser bedingten Verwicklungen wegfallen. Im zweiten Fall erhält der Kessel einen Luftvorwärmer und einen Ekonomiser, und es braucht nur untersucht zu werden, welcher von beiden von den Rauchgasen zweckmäßigerweise zuerst bespült wird.

Zur Ermittlung der durch Luftvorwärmer erzielbaren Ersparnisse wurden von den durch den Einbau eines Luftvorwärmers, der die Luft von 20° C auf 200° C erwärmt, ersparten Kosten an Ekonomiserheizfläche die Kosten für den Luftvorwärmer abgezogen. Da, wo sich die gleichzeitige Aufstellung eines Ekonomisers nicht mehr lohnte, wurde die Kesselheizfläche um einen solchen Betrag vergrößert, daß der Wirkungsgrad der gesamten Kesselanlage einschließlich Luftvorwärmer ebenso hoch bleibt wie bei einem Ekonomiser ohne Luftvorwärmer

[1]) Münzinger: Amerikanische und deutsche Großdampfkessel S. 99.

(84,5 v. H.). Die auf diese Weise ermittelten Ersparnisse durch Zuschaltung eines Luftvorwärmers sind in Abb. 90 durch Senkrechtschraffur hervorgehoben.

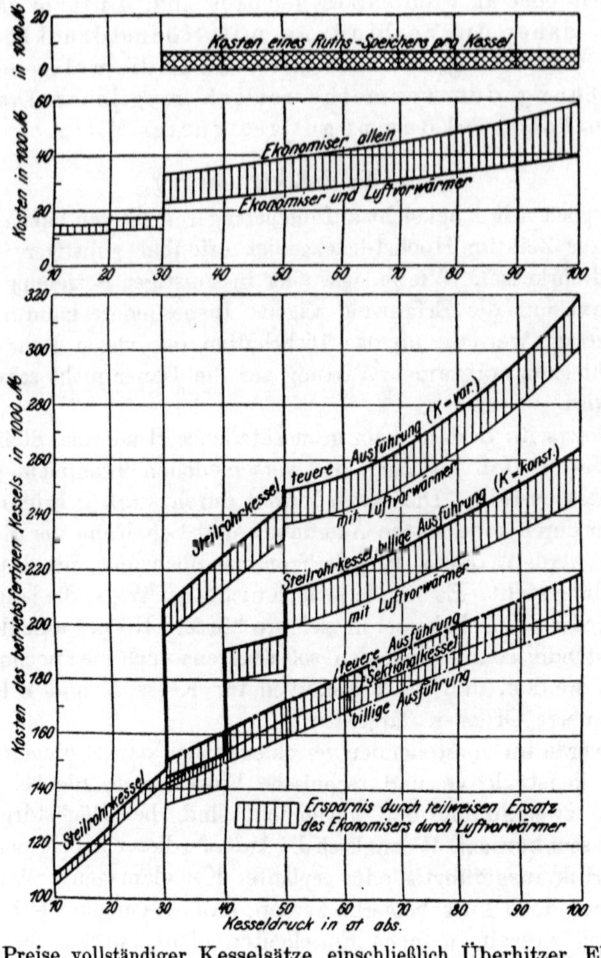

Abb. 90. Preise vollständiger Kesselsätze einschließlich Überhitzer, Ekonomiser, Rost und Saugzuganlage für 2200—2300 kg stündliche Kohlenmenge. **Beachte:** Bei teilweisem Ersatz des Ekonomisers durch einen Luftvorwärmer zunehmende Ersparnis an Anlagekosten mit steigendem Kesseldruck. Große Ersparnismöglichkeiten bei weitgehendem Ersatz der teueren und doch unzureichenden Wasserräume von Höchstdruckkesseln durch ins Niederdruckgebiet gelegte Ruths-Wärmespeicher.

Wie Abb. 90 zeigt, ermöglicht teilweiser Ersatz von Ekonomiserheizflächen durch Luftvorwärmer ansehnliche Ersparnisse. Sie sind um so größer, je höher der Kesseldruck ist, weil mit zunehmendem Druck die Überlegenheit der billigen Luftvorwärmerheizfläche sich mehr und mehr fühlbar macht. Beispielsweise werden bei teilweisem Ersatz des Ekonomisers durch einen Luftvorwärmer die Gesamtkosten von 100-at-Kesseln um 6—9 v. H. verringert, je nachdem ob sie als Sektional- oder als Steilrohrkessel gebaut sind. Luftvorwärmer erhalten daher in Verbindung mit Höchstdruckkesseln erhöhte Bedeutung, sie sind mit ein für die weitgehende Verwirklichung der wärmetheoretisch möglichen Ersparnisse bei Höchstdruckdampf gut geeignetes Mittel.

g) Schlußbetrachtung.

Lediglich mit Rücksicht auf die geringeren Kosten haben Sektionalkessel zur Zeit im Höchstdruckgebiet offenbar günstigere Aussichten als Steilrohrkessel. Wieweit sie aber in sonstiger Beziehung überlegen sind, kann nur die Erfahrung zeigen. Insbesondere kann nicht sicher vorhergesagt werden, ob das Dichthalten der vielen Rohrverschlüsse bei nicht ganz sorgsamer Wartung auf die Dauer nicht schwierig und teuer wird.

Andererseits besteht kein grundsätzliches Hindernis, Steilrohrkessel so zu bauen, daß zwischen den verschiedenen Trommeln genügende Elastizität besteht. Dies kann sowohl durch stark gekrümmte Rohre als auch durch eine solche Anordnung und Schaltung der Rohrbündel erreicht werden, daß z. B. jede Trommel höchstens mit 2 anderen in Verbindung steht. Es stände ja auch nichts im Wege, die langen Trommeln großer Steilrohrkessel in mehrere kürzere Körper aufzulösen. Um Mißverständnisse zu vermeiden, soll übrigens auch hier nochmals daran erinnert werden, daß die Preiskurven für Kessel X und Y in Abb. 85 und 90 obere Grenzen darstellen[1]).

Es wurde im vorstehenden verschiedentlich darauf hingewiesen, daß manche konstruktive und technische Einzelheiten, die bei normalen Drücken zweckmäßig und angebracht sind, bei Höchstdruckkesseln verfehlt sein können. Wenngleich die Aufgabe dieser Arbeit nicht in einer Einzelkritik ausgeführter oder geplanter Kesselanlagen bestehen kann, so soll hier doch kurz bemerkt werden, daß bei einigen weiter vorn abgebildeten Kesseln manche Einzelheiten nicht zweckmäßig sind, und zwar weniger deshalb, weil sie nicht gut arbeiten würden oder an sich technische Bedenken erwecken, als weil sie dem eigenartigen Zusammenhang zwischen Dampfdruck und Baukosten nicht Rechnung tragen. Je nach der Erfahrung, dem Können und der Geschicklichkeit einer Kesselfabrik ist daher für die nächste Zeit damit zu rechnen, daß die Preise für Höchstdruckkessel bei verschiedenen Angeboten stark voneinander abweichen werden. Hieran können vor allem folgende Ursachen schuld sein:

[1]) Beachte auch die Fußnote auf S. 83.

1. Der eine Kessel hat werkstättentechnische oder konstruktive Mängel oder ist mit zu hohen Blechbeanspruchungen gebaut, der andere nicht.

2. Die Heizfläche von Kessel, Überhitzer und Ekonomiser sind bei einigen Angeboten unzweckmäßig bemessen oder angeordnet.

3. Das Gewicht ist bei einigen Angeboten größer, so daß an sich ein höherer Preis gerechtfertigt erscheinen könnte. Trotzdem können diese Angebote unvorteilhaft sein, wenn sich dieselbe Wirkung auf andere Weise mit weniger Gewicht, oder einem billigeren Herstellungsverfahren, oder einfacherer Konstruktion ebensogut erzielen läßt. Wirtschaftlichkeit im Aufwand von Baustoffen, in Werkstättenarbeit und Konstruktion ist aber von ganz ähnlicher Bedeutung wie wärmetechnische Wirtschaftlichkeit. Zweckmäßigkeit, Wert und Preiswürdigkeit von Höchstdruckkesseln müssen daher von Fall zu Fall auf das sorgsamste und unter Beachtung aller technischer und finanzieller Gesichtspunkte geprüft werden.

Mit den üblichen Schlagworten, wie z. B., der teuere Kessel habe einen größeren Wasserraum oder einen sonstigen Vorzug, der bei 10 bis 20 at technisch und finanziell vielleicht berechtigt sein mag, ist bei Höchstdruckkesseln nicht mehr durchzukommen. Es muß hier genau untersucht werden, ob das gleiche Ziel nicht billiger und besser auf andere Weise erreicht werden kann. Umfassende technische Bildung ist für den erfolgreichen Bau und Verkauf von Höchstdruckkesseln von grundlegender Wichtigkeit, der „nichts als Kesselbauer" dürfte auf die Dauer wenig Lorbeeren ernten. Beherrschung der verschiedensten Zweige moderner Technik, gediegene wissenschaftliche und betriebstechnische Kenntnisse, Anpassungsfähigkeit und Urteilskraft sind unerläßlich, wenn nicht Höchstdruckkessel herauskommen sollen, die für sich allein und in rein kesseltechnischer Beziehung vielleicht ganz gut wären, im Rahmen des gesamten Werkes aber eine Verschwendung von Geld oder ein Nichtausnützen zahlreicher lohnender Möglichkeiten bedeuten. Der Kesselbauer der Zukunft wird daher über ein erheblich größeres Wissen und über bessere Qualitäten verfügen müssen als diejenigen, die zur Zeit zuweilen leider noch als ausreichend angesehen werden.

Zum Schluß werde nochmals auf die große Bedeutung der Wahl und Beanspruchung der Bleche hingewiesen. Wegen ihres entscheidenden Einflusses auf den Kesselpreis und damit auf die Wirtschaftlichkeit von Höchstdruckdampf sollte einer der nächsten Schritte die Festlegung von Normen oder doch Richtlinien für Beanspruchung, Prüfung und Verarbeitung von Blechen für Höchstdruckkessel sein. An diesem Punkte sollte die Arbeit berufener Fachleute in erster Linie einsetzen; seiner schnellen und befriedigenden Klärung kommt allergrößte Bedeutung zu.

VII. Wirtschaftliche Aussichten von Höchstdruckdampf.

a) Grundlagen für die Berechnung.

Kleinerem Brennstoffverbrauch bei Höchstdruckdampfwerken stehen größere Anlagekosten und daher höhere Ausgaben für Verzinsung und Abschreibung, u. U. auch für Bedienung und Reparaturen, gegenüber. Nur wenn die ersparten Kohlenkosten größer als der höhere Kapitaldienst sind, ist Höchstdruckdampf wirtschaftlich überlegen. Die Einflüsse der Kriegs- und Nachkriegsperiode haben auch in Deutschland hier und dort dazu geführt, daß nicht mehr so scharf wie früher gerechnet und eine Ersparnis in der Größenordnung von wenigen v. H. als irrelevant angesehen wird. Diese aus Großmannssucht und Oberflächlichkeit entstandene Geistesrichtung, die um so bedauerlicher ist, als z. B. große amerikanische Werke auf jede kleine Ersparnismöglichkeit achten, dürfte unter dem Zwang der rauhen Wirklichkeit bald einer bescheideneren und gesünderen Betrachtungsweise weichen. Alles in allem liegen aber die Verhältnisse doch wohl so, daß sich wegen des immerhin nicht kleinen Risikos viele Industrielle zum Übergang zu Höchstdruck nur bei der Aussicht auf verhältnismäßig große Ersparnisse entschließen werden. Der großen kapitalkräftigen Kraft- und Wärmewerke wartet daher eine Aufgabe, die fast ebenso bedeutungsvoll wie die Konstruktion betriebsbrauchbarer Höchstdruckmaschinen ist, nämlich ihre Ausführung durch Auftragserteilung zu ermöglichen und auf diese Weise zum Nutzen des Ganzen Pionierarbeit zu leisten.

Die Mehrkosten für Kessel bis hinauf zu den höchsten Drücken wurden im vorhergehenden Abschnitt festgestellt. Es ist daher nur noch zu ermitteln, wie die Kosten der Rohrleitungen, der Turbinen und der anderen zugehörigen Teile vom Dampfdruck abhängen.

Die Frischdampfleitungen kosten bei Höchstdruck etwa dasselbe wie bei den üblichen Dampfspannungen, da der Einfluß der schwereren Ausführung durch den erheblich kleineren Rohrdurchmesser fast ganz ausgeglichen wird. Noch offen steht die Frage, ob Flansche mit Nut und Feder verwendet oder ob die einzelnen Rohrstücke durch Schweißung und gegebenenfalls mechanische Verstärkung der Schweißstellen miteinander verbunden werden sollen. Die Speiseleitungen sind bei 50 bis 75 at rund 2,5 mal, bei 100 at rund 3- bis 3,5 mal teurer als bei 15 bis 20 at. Eine Erhöhung der Wassergeschwindigkeit zur Erzielung kleinerer Leitungsdurchmesser, an die man vielleicht zunächst denken könnte, ist nicht angängig, da die heute üblichen Wassergeschwindigkeiten aus dynamischen Gründen nicht gut überschritten werden können. Andernfalls treten beim Abschließen der selbsttätigen Speisewasserregler, beim

Parallelarbeiten mehrerer Speisepumpen und bei anderen Vorkommnissen äußerst heftige Stöße auf, die das ganze Speisesystem gefährden. Die zulässige Wassergeschwindigkeit in der Speiseleitung wird nämlich in erster Linie durch dynamische und nicht durch wirtschaftliche Rücksichten festgelegt[1]).

Die Speisepumpen samt ihrem Antrieb werden mit zunehmendem Kesseldruck teurer, die Mehrkosten wurden in den Turbinenkosten eingeschlossen.

Der Preis der elektrischen Generatoren bleibt unverändert. Die Kosten für die Kondensation werden kleiner, weil der spezifische Dampfverbrauch und damit die vom Kondensator aufzunehmende Wärmeleistung abnimmt. Der Turbinenpreis wird voraussichtlich etwas höher werden. Der Mehrbetrag hängt davon ab, ob Hochdruckstufe und Niederdruckstufe auf denselben Generator arbeiten, also mechanisch miteinander gekuppelt sind, oder ob sie getrennte lediglich elektrisch gekuppelte Generatoren haben. Bei größeren Werken wird man möglicherweise mehrere Niederdruckturbinen hinter eine gemeinsame Höchstdruckturbine schalten und jeder Turbine einen getrennten Generator geben. Alles in allem dürften die Mehrkosten der Turbine nicht groß und in vielen Fällen sogar nur unbeträchtlich werden.

Um ganz sicher zu gehen, ist auf Grund einer besonderen Rechnung angenommen worden, daß ein ganzer Turbinensatz einschließlich Generator, Kondensation und Speisepumpe, bei 100 at um 15,0 v. H. teurer als bei 15 at ist. Für die Zwischendrücke wurde lineare Zunahme vorausgesetzt.

Kesselhaus, Bunker, Fundamente, Bekohlungsanlage und Kühlwasserversorgung werden bei Höchstdruck billiger. Der Unterschied ist nicht unwesentlich, da z. B. bei Dampf von 100 at und 400° C die Kesselheizfläche und damit auch die Kesselhausgrundfläche bis zu rund 20 v. H. kleiner wird, was entsprechende Abstriche an den Kosten für die Bekohlungsanlagen und die Rohrleitungen zur Folge hat. Diese Ersparnisse wurden aber vernachlässigt, sie sollen als ausgeglichen für „Unvorhergesehenes“ und als ein gewisser Sicherheitsbetrag zuungunsten hoher Drücke gelten.

An Mehrkosten bei Drücken von über 15 at kommen also bei den folgenden Rechnungen in Betracht:

a) die Mehrkosten für die Kessel gemäß Abschnitt VI b und Abb. 86 u. 90,
b) die Mehrkosten für die Turbinen mit Zubehör.

b) Die beiden Grenzfälle für die Wirtschaftlichkeit.

Auch hier mußte ähnlich wie in Abschnitt VI a versucht werden, zwei Grenzen zu finden, zwischen denen in den meisten praktisch

[1]) Münzinger: Leistungssteigerung S. 127—130.

vorkommenden Fällen das wirtschaftliche Ergebnis liegen muß. Die Zahl der Anwendungsmöglichkeiten von Höchstdruckdampf ist nämlich so groß, daß es eine unlösbare Aufgabe wäre, zu versuchen, sie alle durchzurechnen. Außerdem würde einer solchen Untersuchung jede Übersichtlichkeit fehlen, und allgemein gültige Richtlinien könnten auf diese Weise kaum aufgestellt werden. Die längst bekannte Tatsache, daß hoher Kesseldruck in Gegendruckbetrieben, wo große Heizdampfmengen von einigen at Überdruck und entsprechende Energiemengen benötigt werden, die größten und in reinen Kraftwerken die kleinsten Brennstoffersparnisse bringt, braucht hier nicht bewiesen zu werden. Als Rechnungsbeispiel für die untere wirtschaftliche Grenze wurde daher ein reines Kraftwerk mit Flußwasserkühlung, d. h. tiefem Vakuum, gewählt, Fall a).

Bei Gegendruckbetrieb, dem oberen Grenzfall, entstand insofern eine Schwierigkeit, als bei konstantem Heizdampfbedarf und konstantem Gegendruck die aus diesem Dampf erzielbare Energie verschieden ausfällt, je nachdem, ob der Frischdampfdruck hoch oder nieder ist. Werden aber nicht Heizdampf- und Energiebedarf für alle Frischdampfdrücke gleich groß angenommen, so würde eine Bezugsgrundlage für die Ersparnisse fehlen und ein einwandfreier Vergleich kaum möglich sein. Würde man beispielsweise die gesamten Erzeugungskosten auf 1 t Heizdampf beziehen, so bliebe unberücksichtigt, daß ganz verschiedene Energiemengen gewonnen werden je nach der Höhe des Kesseldruckes. Ginge man aber von 1 kWh erzeugter Leistung aus, so wäre wieder die zugehörige Heizdampfmenge nicht gleich. Es wurde daher nach reiflichem Überlegen für einen bestimmten Gegendruck, z. B. 2 at, dieselbe Heizdampfmenge und derjenige Energiebedarf zugrunde gelegt, der aus dieser Heizdampfmenge bei Frischdampf von 100 at und 400° C erzeugt wird. Dies bedingt, daß bei allen Frischdampfdrücken unter 100 at ein Teil der benötigten Kraft in besonderen Kondensationsturbinen gewonnen werden muß, Fall b).

Hiermit soll selbstverständlich nicht der Trugschluß vieler wärmetechnischer Untersuchungen wiederholt werden, die auf Grund der längst bekannten wärmetechnischen Unterlegenheit einer Kondensations- gegenüber einer Gegendruckanlage ganz allgemein die Forderung stellen, die Auspuffwärme der Kraftmaschinen müsse überall für Heizzwecke ausgenützt werden, ohne sich den Kopf darüber zu zerbrechen, wie für die großen fraglichen Wärmemengen eine Verwertungsmöglichkeit geschaffen und wie eine zeitliche Übereinstimmung des Kraft- und des Wärmeverbrauches erzielt werden soll. In sehr vielen Fällen liegen nämlich die Verhältnisse so, daß nicht gerade die Energie gebraucht wird, die aus dem benötigten Heizdampf gewonnen werden kann, sie wird vielmehr bald kleiner, bald größer sein. Obige für Fall b) gekennzeichnete Annahme gibt aber für hohen Druck besonders günstige Verhältnisse und eine auch für Gegendruckbetrieb brauchbare und übersichtliche Vergleichsgrundlage. Um die sehr verschiedenartigen Verhältnisse von Gegendruckbetrieben zu berücksichtigen, wurden die Rechnungen für 3 Gegendrücke durchgeführt: 10 at, 6 at und 2 at abs. Der höchste Gegendruck kommt vorwiegend in der chemischen Industrie, der mittlere in der Papierindustrie, der niedere in Färbereien, Bleichereien usw. vor, ohne daß ein eindeutiger Zusammenhang bestände.

Beide Fälle wurden außerdem noch für 2 verschiedene Kohlenpreise und 2 verschiedene Benutzungsdauern durchgerechnet.

Für reinen Kraftwerksbetrieb (Fall a) wurde endlich noch untersucht, wieviel durch Zwischenüberhitzung und durch Vorwärmung des Speisewassers (Kondensates) mittels aus verschiedenen Turbinenstufen abgezapften Dampfes gespart werden kann. In sämtlichen Fällen wurden die Kesselanlagen unter entsprechender Festsetzung ihrer Kosten so bemessen, daß ihr Wirkungsgrad 84,5 v. H. ist, gleichgültig, welche Eintrittstemperatur das Speisewasser hat.

Folgendes Schema kennzeichnet kurz die beiden untersuchten Grenzfälle:

Fall a) Reiner Kraftwerksbetrieb.

Spitzenleistung = 100 000 kW, Frischdampftemperatur = 400° C.
1. Betrieb ohne Zwischenüberhitzung.
2. Betrieb mit Zwischenüberhitzung (15 at und 350° C).
3. Betrieb mit Zwischenüberhitzung und Anzapfung.

Untersucht für
 2500 st und 5000 st Benutzungsdauer,
 12 M/t und 24 M/t Kohlenpreis.

Fall b) Kombiniertes Heiz- und Kraftwerk.

Heizdampfbedarf = 100 t/st, Frischdampftemperatur = 400° C.
1. Gegendruck = 2 ata, Kraftbedarf = const. = 18 400 kW.
2. Gegendruck = 6 ata, Kraftbedarf = const. = 13 500 kW.
3. Gegendruck = 10 ata, Kraftbedarf = const. = 11 000 kW.

Untersucht für
 7200 st und 4800 st Benutzungsdauer,
 12 M/t und 24 M/t Kohlenpreis.

Die Kesselpreise für Fall a 1) konnten unmittelbar Abb. 86 und 90 entnommen werden. Bei Fall a 2) mußte zunächst errechnet werden, wie sich die Einzelheizflächen eines Kesselsatzes und sein Preis dadurch ändern, daß der Auspuffdampf der Hochdruckstufe vor seinem Eintritt in die Niederdruckturbine in besonderen, mit den Hochdrucküberhitzern in dieselben Kesselblöcke eingebauten Zwischenüberhitzern nochmals überhitzt werden muß. Daneben wurde noch eine andere Art der Zwischenüberhitzung untersucht, worauf später zurückgekommen wird.

In Fall b 1) bis 3) wurde ähnlich vorgegangen. Da, wo das Speisewasser bereits hohe Temperatur hatte, wurden statt der Ekonomiser Luftvorwärmer angenommen, die die Luft von 20° C auf 200° C erhitzen. War die äquivalente Wassererwärmung wesentlich größer als diese Luftvorwärmung, so wurde neben dem Luftvorwärmer noch ein Ekonomiser angeordnet, war der Unterschied klein, so wurde die Kesselheizfläche entsprechend vergrößert, und zwar immer derart, daß der gesamte Kesselwirkungsgrad 84,5 v. H. bleibt.

Auf die Einzelheiten dieser sehr umfangreichen Berechnungen soll hier nicht eingegangen, sondern nur nochmals betont werden, daß durchweg mit demselben Kesselwirkungsgrad, aber unter voller Berücksichtigung der zu seiner Erzielung bedingten Mehr- oder Minderkosten gegenüber Abb. 86 und Abb. 90 gerechnet wurde. Da ferner aus den bereits in Abschnitt II a genannten Gründen von Kesseln gleicher Rostfläche und Rostbelastung ausgegangen wurde, ist die stündliche Dampferzeugung einer Einheit in den einzelnen Fällen eine recht verschiedene, teils weil die Erzeugungswärme von 1 kg Dampf bei konstanter Speisewassertemperatur mit zunehmendem Druck abnimmt, teils weil in den Fällen a 3) und b) die Eintrittstemperaturen des Speisewassers bzw. Kondensates sehr verschieden sind. Es mußten daher in jedem einzelnen Falle die Dampfleistung und die Zahl und Kosten der benötigten Kessel ermittelt werden.

Um außer den Brennstoffersparnissen angeben zu können, wieviel v. H. der gesamten Erzeugungskosten von 1 kWh oder einer bestimmten Heizdampf- und Energiemenge durch Übergang zu höheren Drücken erspart werden, mußten für alle Fälle die Anlagekosten ermittelt werden.

Klingenberg[1]) gibt auf Grund einer sorgfältigen Untersuchung die Baukosten für Werke von 14 000 bis 18 000 kW einschließlich allen Zubehöres bis zum Anschluß der Fernleitungen mit 185 bis 195 M/kW an und sagt, daß günstig gelegene Werke mit Turbineneinheiten von 15 000 bis 20 000 kW für etwa 150 M/kW gebaut werden können.

Da in Fall a) Turbinen von 20 000 kW und Kessel größerer Heizfläche vorausgesetzt wurden als in den von Klingenberg behandelten Werken, so konnten die Anlagekosten für 1 kWh ausgebauter Leistung um so unbedenklicher mit 150 M/kW in Ansatz gebracht werden, als seit dem Erscheinen der Klingenbergschen Arbeit über 7 Jahre verflossen und in der Zwischenzeit erhebliche Fortschritte in der Ausnutzung der Baustoffe und in der Verbesserung des Wärmeverbrauches

[1]) Klingenberg: Elektrische Großwirtschaft unter staatlicher Mitwirkung.

und damit mittelbar in den Anlagekosten gemacht wurden. Bei höheren Drücken wurden die Mehrkosten für Kessel und Turbine unter Vernachlässigung der Ersparnisse an Kosten für Gebäude, Bekohlungsanlagen usw. nach Abb. 86 u. 90 zugeschlagen.

Bei Fall b) wurde mit denselben Grundpreisen für Gebäude, Rohrleitungen, elektrische Ausrüstung, Hilfsbetriebe und mit den für die verschiedenen Fälle ausgerechneten Kessel- und Turbinenkosten die Anlagekosten bei 15 at ermittelt und in ähnlicher Weise wie vorher die Mehrkosten bei höheren Drücken zugeschlagen, wobei selbstverständlich die bei Drücken unter 100 at entstehenden Kosten für die Kondensationsdampfturbinen zur Erzeugung der fehlenden Kraft berücksichtigt wurden.

c) Thermische Vorteile bei hohen Drücken.

Die Dampf- und Wärmeverbrauche für 1 kWh wurden für sämtliche Fälle mit Hilfe der Stodolaschen Tafeln unter Einsetzung von thermodynamischen Wirkungsgraden errechnet, wie sie auf Grund der letzten Entwicklung erreicht werden können. Durch die neuesten Fortschritte im Turbinenbau hat sich nämlich die Sachlage sehr zugunsten der Turbinen und hoher Dampfspannungen verschoben, weil nunmehr auch im Hochdruckteil Gütegrade erzielt werden, wie sie noch vor verhältnismäßig kurzer Zeit undenkbar waren. In diesem Umstand ist das Abschneiden von Höchstdruckdampf, das in den folgenden Ausführungen im einzelnen gezeigt werden wird, mit begründet.

Alle in den zugehörigen Abbildungen und Textstellen angegebenen Wärmeverbrauche gelten einschließlich des Dampf- bzw. Kraftbedarfes der Kondensationshilfsmaschinen und der Speisepumpen, beziehen sich also auf eine an den Klemmen des Generators nutzbar zur Verfügung stehenden kWh. Es ist durchweg elektrischer Speisepumpenantrieb angenommen, und zwar vorwiegend deshalb, weil die Rechnung dadurch sehr erleichtert wird. Auf die Beurteilung der Vorzüge von Höchstdruckdampf ist es übrigens von untergeordnetem Einfluß, ob die Speisepumpen elektrisch oder mit Dampf angetrieben werden. Ihr Kraftbedarf, bezogen auf 1 mkg im geförderten Speisewasser geleistete Arbeit, nimmt mit zunehmendem Druck nicht unwesentlich ab. Der Wärmeverbrauch der Speisepumpen ist in Abb. 91 durch Schraffur kenntlich gemacht.

Der Antrieb der Kondensationshilfsmaschinen ist durch direkt gekuppelte Dampfturbinen gedacht. Sie sind frischdampf- und abdampfseitig so geschaltet, daß der gesamte Dampfverbrauch von Hauptturbine und Kondensationshilfsturbine bei den verschiedenen Drücken möglichst nieder wird. Bei Zwischenüberhitzung wurde angenommen, daß der Dampf in der Hochdruckstufe auf 15 at expandiert, dann wieder auf 350° C überhitzt wird und mit dieser Temperatur in den Niederdruckteil eintritt. 350° C wurden u. a. deshalb gewählt, weil dann der Dampf in den letzten Stufen der Turbine nur mäßig feucht wird, so daß der Gütegrad des Niederdruckteiles und die Lebensdauer der Schaufeln günstiger werden als bei geringer oder völlig fehlender Zwischen-

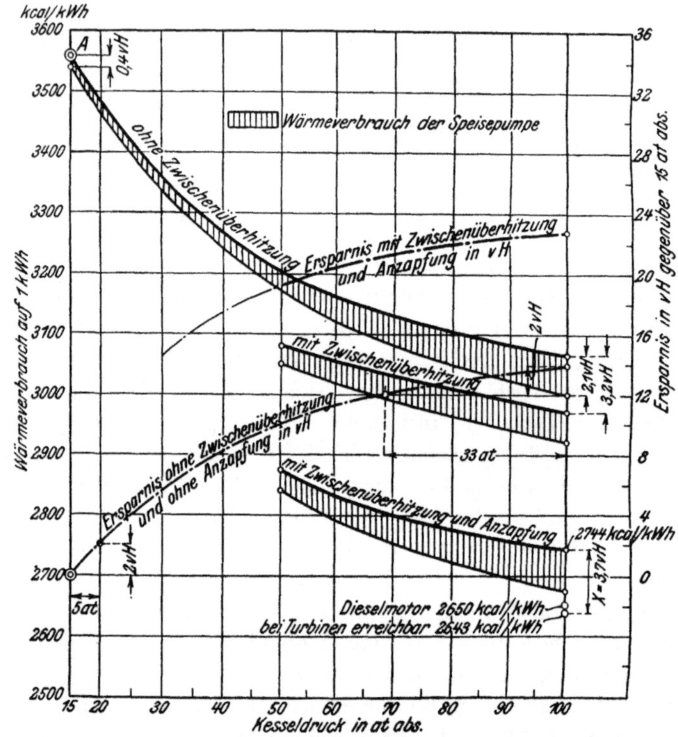

Abb. 91. Wärmeverbrauch für 1 KWh gemessen in der Kohle, d. h. einschließlich dem Verbrauch der Speisepumpen, der Kondensationshilfsmaschinen und den Verlusten im Kessel.

Beachte: Großer Wärmeverbrauch der Speisepumpen bei hohem Dampfdruck. Ersparnisse durch Zwischenüberhitzung. Entscheidende Bedeutung der Speisewasservorwärmung durch Anzapfdampf aus verschiedenen Turbinenstufen.

überhitzung. Der Sicherheit wegen wurde jedoch bei Zwischenüberhitzung mit keinem höheren Gütegrad, d. h. etwas zu ungünstig gerechnet. Entscheidend für die Wärmewirtschaft eines Werkes ist letzten Endes der Wärmeverbrauch gemessen in der Kohle, d. h. einschließlich des Kraftbedarfes der Speisepumpen und der Kondensationsmaschinen und einschließlich der Verluste im Kesselhaus. Der Wärme- oder gar der Dampfverbrauch von 1 kWh gemessen an der Turbine und ohne Berücksichtigung des Bedarfes für die Hilfsbetriebe gibt nur ein unvollkommenes

Bild. Am richtigsten wäre es, auch alle anderen Hilfsapparate, wie Antrieb der Roste, der Saugzugventilatoren, der Hilfspumpen, der Bekohlung usw., mit zu berücksichtigen, doch mußte hierauf verzichtet werden, weil ein Werk natürlichen, das andere Saugzug hat, und weil der jeweilige Eigenkraftbedarf und Wärmeverbrauch eines Werkes von vielen Zufälligkeiten abhängt. Der Einfluß dieser Vernachlässigung ist übrigens unwesentlich, da ja die beiden Hauptbilfsmaschinen, Speisepumpe und Kondensationshilfsturbine, berücksichtigt wurden. Soweit nichts anderes angegeben ist, gelten also alle folgenden Angaben über den Wärmeverbrauch von 1 kWh gemessen in der Kohle.

Der Wärmeverbrauch von 1 kWh nimmt in einem reinen Kraftwerk bei einer Erhöhung des Frischdampfdruckes von 15 at auf 100 at um rund 14 v. H. ab, Abb. 91. Die Ersparnis wäre noch größer, wenn nicht mit zunehmendem Kesseldruck der verhältnismäßige Wärmeverbrauch der Speisepumpe so stark anwachsen würde. Während er bei 15 at nur rund 0,4 v. H. des Gesamtwärmeverbrauches ausmacht, beträgt er bei 100 at etwa 2,4 v. H., weil

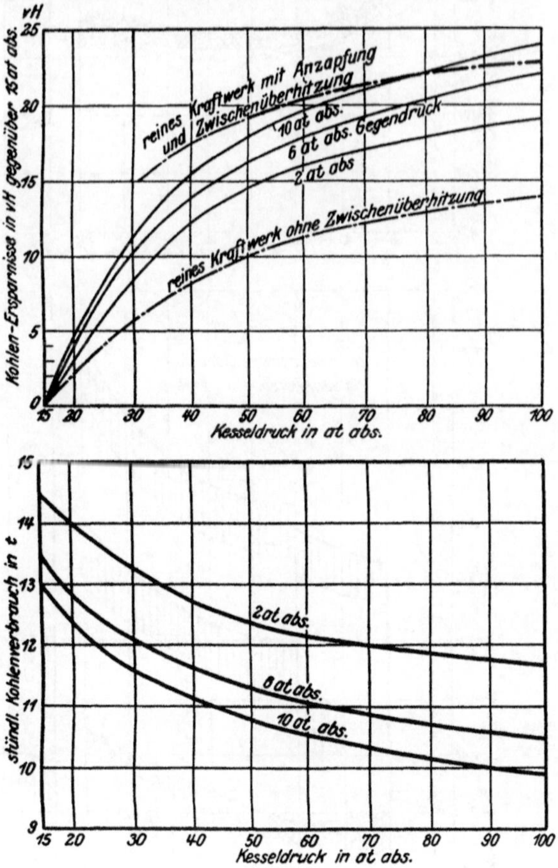

Abb. 92 u. 93. Stündlicher Kohlenverbrauch in kombinierten Heiz- und Kraftwerken für 2 at, 6 at und 10 at abs. Gegendruck gemäß den Annahmen von Fall b) auf S. 97 für Frischdampfdrücke von 15 bis 100 at, sowie verhältnismäßige Kohlenersparnis gegenüber einem Betrieb mit 15-at-Frischdampfdruck.

Beachte: In reinen Kraftwerken ist Ersparnis ohne Zwischenüberhitzung und ohne Anzapfung weit geringer, mit Speisewasservorwärmung durch Anzapfung und mit Zwischenüberhitzung ebenso groß wie im günstigsten Beispiel eines kombinierten Heiz- und Kraftwerkes.

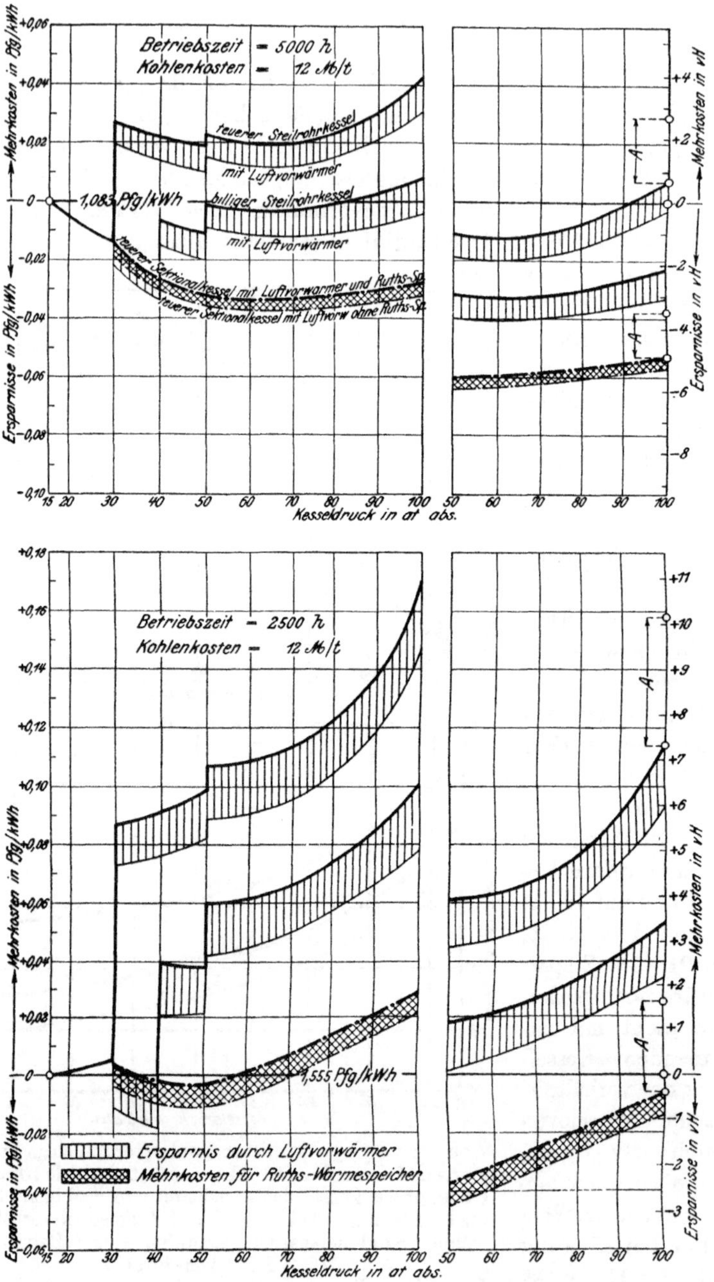

ohne Zwischenüberhitzung **mit Zwischenüberhitzung**

Abb. 94 u. 95. Gesamtbetriebskosten für die Erzeugung von 1 KWh in reinen wassers durch abgezapften Dampf. Linke Hälfte jeder Abbildung gilt für Betrieb geschriebene Zahl gibt die Gesamtbetriebskosten für 1 KWh bei 15 at an. Größe A rauchgasbeheizten, mit den Höchstdruckkesseln in gemeinsame Blöcke ein- des Speisewassers durch abgezapften

Beachte: Starker Einfluß der Kesselkosten auf die Wirtschaftlichkeit. 25 bis nisse um mindestens rund 3 v. H. Bei Zwischenüberhitzung

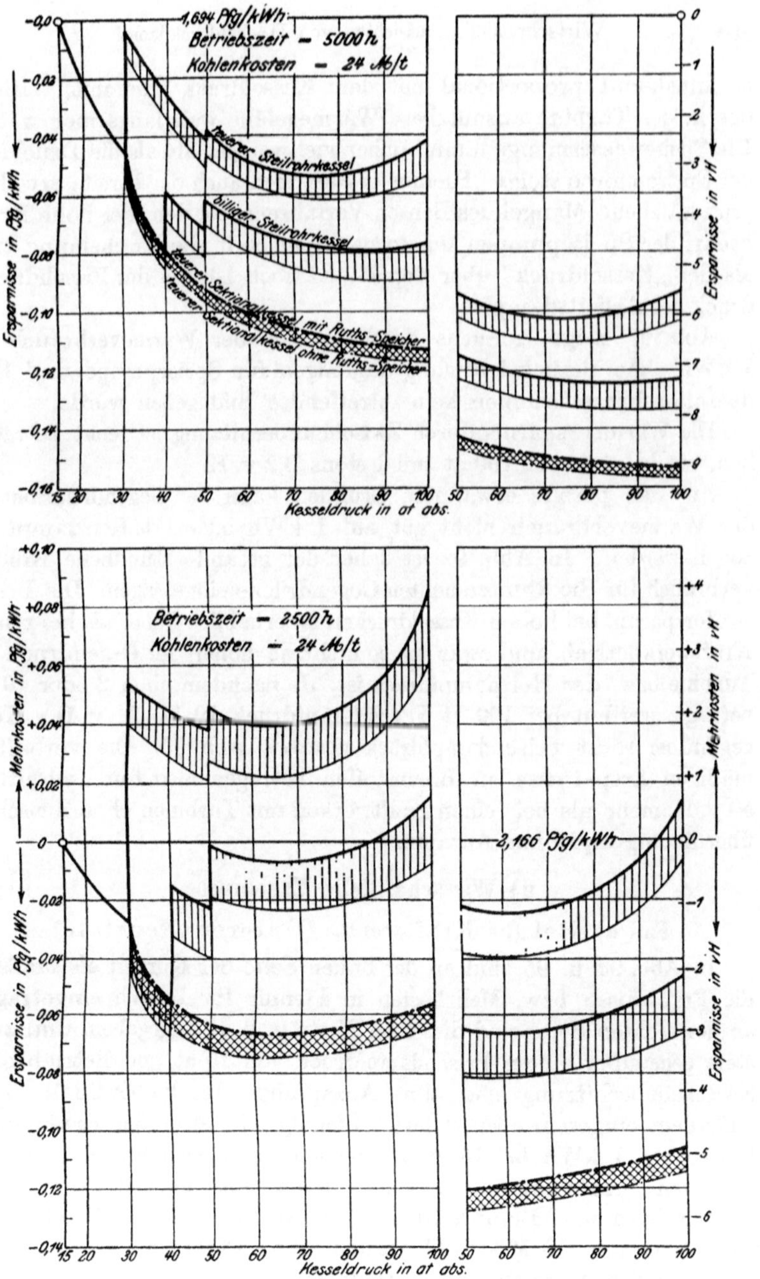

ohne Zwischenüberhitzung mit Zwischenüberhitzung

Kraftwerken von 100000 KW Spitzenleistung ohne Vorwärmung des Speise-
ohne, rechte Hälfte für Betrieb mit Zwischenüberhitzung. In Ordinate *0* ein-
gibt an, umwieviel 1 KWh teurer wird, wenn die Zwischenüberhitzung in
gemauerten Zwischenüberhitzern erfolgt. Alle Werte gelten o h n e Vorwärmung
Dampf (ohne Regenerativ-Verfahren).
35 at Kesseldruck fast stets wirtschaftlich. Zwischenüberhitzung erhöht Erspar-
liegt wirtschaftlicher Druck meist tiefer als ohne solche.

er annähernd proportional mit dem Kesseldruck zunimmt, während das in der Turbine ausnutzbare Wärmegefälle weit langsamer wächst. Die Speisewassermenge nimmt daher viel weniger ab, als die Druckhöhe der Speisepumpe steigt. Hieraus erklärt sich auch der bereits erwähnte grundsätzliche Mangel des Benson-Verfahrens, bei dem der hohe Kraftbedarf der Speisepumpen um so nachteiliger in die Erscheinung tritt, als der „Kesseldruck" über doppelt so hoch ist wie der Frischdampfdruck des Arbeitsdampfes.

Abb. 91 zeigt übrigens deutlich, daß der Wärmeverbrauch für 1 kWh ohne Berücksichtigung desjenigen für Speisepumpe und Kondensationshilfsmaschinen kein zutreffendes Bild geben würde.

Die Wärmeersparnis durch Zwischenüberhitzung ist recht beträchtlich, sie beträgt bei 100 at mindestens 3,2 v. H.

Aus den bereits erwähnten Gründen kann bei Gegendruckbetrieb der Wärmeverbrauch nicht gut auf 1 kWh oder 1 t Heizdampf bezogen werden. In Abb. 92 ist daher der gesamte stündliche Kohlenverbrauch für die 3 untersuchten Gegendrücke eingetragen. Die Brennstoffersparnis bei hohen Kesseldrücken ist erheblich höher als bei reinem Kraftwerkbetrieb, und zwar um so mehr, je höher der Gegendruck der Turbine bzw. der Heizdampfdruck ist. Je nachdem ob er 2 oder 10 ata beträgt, werden bei 100 at Frischdampfdruck 19 bis 24 v. H. Kohle gegenüber 15 at Frischdampfdruck gespart, Abb. 93. Die verhältnismäßigen Ersparnisse an Brennstoffen betragen also durchschnittlich 50 v. H. mehr als bei reinen Kraftwerken mit Turbinen ohne Zwischenüberhitzung und ohne Anzapfung.

d) Wirtschaftliche Ergebnisse.

Fall a) Reines Kraftwerk. (Unterer Grenzfall.)

In Abb. 94 u. 95 sind an der linken Seite der Kurven als Maßstab die Ersparnisse bzw. Mehrkosten in Pfennig für 1 kWh eingetragen, an der rechten Seite sind dieselben Werte in v. H. angegeben, und zwar stets gegenüber einem Frischdampfdruck von 15 at und Betrieb ohne Zwischenüberhitzung und ohne Anzapfung. In die Ordinate 0 ist außerdem eingeschrieben, wieviel Pfennig die gesamten Erzeugungskosten von 1 kWh bei 15 at ausmachen. Beispielsweise betragen die gesamten Erzeugungskosten von 1 kWh einschließlich Verzinsung, Abschreibung und Brennstoffkosten bei 15 at, 5000 st jährlicher Betriebsdauer und 12 M/t Kohlenkosten 1,083 Pfg/kWh.

Die beiden obersten Kurven (Fall A) gelten für Steilrohrkessel, die nach Fall A in Abschnitt VI b gebaut sind, die beiden mittleren Kurven (Fall B) für Steilrohrkessel nach Fall B, die beiden untersten (Fall C) für Sektionalkessel der teuereren Bauart[1]). Die senkrechte Schraffur

[1]) Siehe S. 80.

bei den beiden oberen Kurvenpaaren gibt an, wieviel gespart wird, wenn ein Teil der Ekonomiserheizfläche durch Luftvorwärmer ersetzt wird. Dagegen gelten die Kurven für Sektionalkessel für Kessel mit Ekonomisern und Luftvorwärmern, und zwar die obere Kurve für Sektionalkessel mit, die untere ohne Ruths-Speicher. Die Ruths-Speicher wurden so bemessen, daß die Sektionskessel gegen Spitzen von der Art und der Größenanordnung der in Abb. 66 wiedergegebenen wesentlich unempfindlicher sind als Steilrohrkessel bei 15 at mit sehr reichlichen Wasserräumen (siehe auch Abb. 90, oberster Teil).

In Abschnitt IV c wurde gezeigt, daß Höchstdruck-Sektionalkessel der unsern Berechnungen zugrunde gelegten Art für öffentliche Kraftwerke ohne Ruths-Speicher nicht geeignet sind. Man kann daher sagen, daß, soweit nicht von den bekannten Bauformen völlig abweichende Kessel herauskommen sollten, die wirtschaftlichen Ergebnisse zwischen der obersten und der von unten zweiten Kurve (teuerer Sektionalkessel mit Luftvorwärmer und Ruths-Speicher) liegen, je nachdem welcher von beiden Bauarten sich der verwendete Kessel am meisten nähert.

Nach der strichpunktierten Kurve in Abb. 91 werden die verhältnismäßigen Wärmeersparnisse um so geringer, je höher der Anfangsdruck ist. Z. B. entspricht einer Verbesserung um 2 v. H. im Niederdruckgebiet eine Drucksteigerung von 15 at auf 20 at, d. h. von 5,0 at, im Höchstdruckgebiet von 67 at auf 100 at, d. h. um rund 33 at. Da aber die Kesselkosten annähernd proportional mit dem Druck steigen, nimmt die Wirtschaftlichkeit bei Kraftwerken ohne Zwischenüberhitzung und ohne Speisewasservorwärmung durch Anzapfdampf um so langsamer zu, je höher der Kesseldruck wird.

Abb. 94 u. 95 zeigen folgende wichtige Ergebnisse:

1. Bauart und Kosten der verwendeten Kessel haben auf das wirtschaftliche Ergebnis bei allen praktisch vorkommenden Fällen sehr großen Einfluß.

2. Eine Erhöhung der Frischdampfspannung auf 25 bis 35 at empfiehlt sich fast immer, selbst bei ungewöhnlich billigen Kohlenkosten und kleiner Benutzungsdauer.

3. Bei hohen Kohlenkosten, großer Benutzungsdauer und teueren Kesseln sind 70 bis 80 at, bei billigen Kesseln mit sehr kleinem Wasserraum 90 bis 100 at der günstigste Druck. Die möglichen Ersparnisse an Gesamtbetriebskosten betragen je nach dem Kesselpreis 3,5 bis 7 v. H.

4. Bei hohen Kohlenkosten und kleiner Benutzungsdauer liegt der günstigste Druck bei 50 bis 60 at. Die Ersparnisse betragen 0,5 bis 3 v. H., je nach dem Kesselpreis. Bei Verwendung von Steilrohrkesseln mit großem Wasserinhalt, deren Trommeln gemäß Fall A bemessen wurden, werden jedoch die Erzeugungskosten auf alle Fälle teuerer

als bei 15 at Dampfspannung und nach den bisherigen Regeln bemessenen Kesseln.

5. Bei kleinen Kohlenkosten und großer Benutzungsdauer liegt der günstigste Kesseldruck bei 40 bis 60 at, aber auch hier sind mit nach Fall A bemessenen Steilrohrkesseln von großem Wasserinhalt keine Ersparnisse möglich.

6. Sollte sich durch behördliche Verfügung oder freiwilliges Übereinkommen eine Berechnungsart einführen, die bei Kesseltrommeln für hohe Drücke nur eine nennenswert niederere Beanspruchung als bei Drücken bis zu 25 at zuläßt, so wären in vielen Fällen Steilrohrkessel mit reichlichem Wasserinhalt im Höchstdruckgebiet nicht wettbewerbsfähig.

7. Zuschalten von Ruths-Speichern zu Kesseln von kleinem Wasserinhalt zur Erzielung einer ausreichenden Unempfindlichkeit gegen Spitzen verteuert die Erzeugungskosten fast gar nicht. Kessel von kleinem Wasserinhalt, d. h. insbesondere Sektionalkessel, in Verbindung mit Ruths-Speichern sind daher, falls sich nicht andere unerwartete Schwierigkeiten ergeben, im Höchstdruckgebiet großräumigen Kesseln wirtschaftlich entschieden überlegen.

8. Durch Zwischenüberhitzung lassen sich die Betriebskosten mindestens um weitere 1 bis 3 v. H. ermäßigen.

9. Bei Zwischenüberhitzung liegt mit Ausnahme von Werken mit großer Benutzungsdauer und hohen Kohlenkosten der wirtschaftlichste Druck niederer als ohne Zwischenüberhitzung. Er beträgt dann unter mittleren Verhältnissen etwa 50 at.

10. Auch wenn Höchstdruckdampf nur kleine Gesamtersparnisse bringt, kann er sich zuweilen lediglich infolge des geringeren Brennstoffverbrauches lohnen, z. B. bei Braunkohlenkraftwerken, die im allgemeinen eine beschränkte Kohlenbasis haben. Voraussetzung ist freilich, daß Betriebssicherheit und Einfachheit etwa ebenso gut sind wie bei niederen Drücken.

Fall b) Heiz- und Kraftbetrieb (oberer Grenzfall).

In den Wirtschaftlichkeitskurven für kombinierte Heiz- und Kraftwerke sind die Verhältnisse nur für den teueren Steilrohrkessel mit Luftvorwärmer (bzw. mit Luftvorwärmer und Ekonomiser), Fall A, und den teueren Sektionalkessel mit Luftvorwärmer (bzw. mit Luftvorwärmer und Ekonomiser), aber ohne Ruths-Speicher (Fall D), untersucht. An Hand der Abbildungen ist es leicht, sich auch für alle anderen Fälle schnell ein Bild zu machen. Als Ordinatenmaßstab sind links die gesamten jährlichen Betriebskosten in 1000 M., rechts die Ersparnisse bezogen auf Dampf von 15 at eingetragen, Abb 96 bis 98. Die in die Ordinate *O* eingeschriebene Zahl bedeutet die reinen jährlichen Brennstoffkosten bei 15 at Frischdampfdruck. Wegen der besonderen Be-

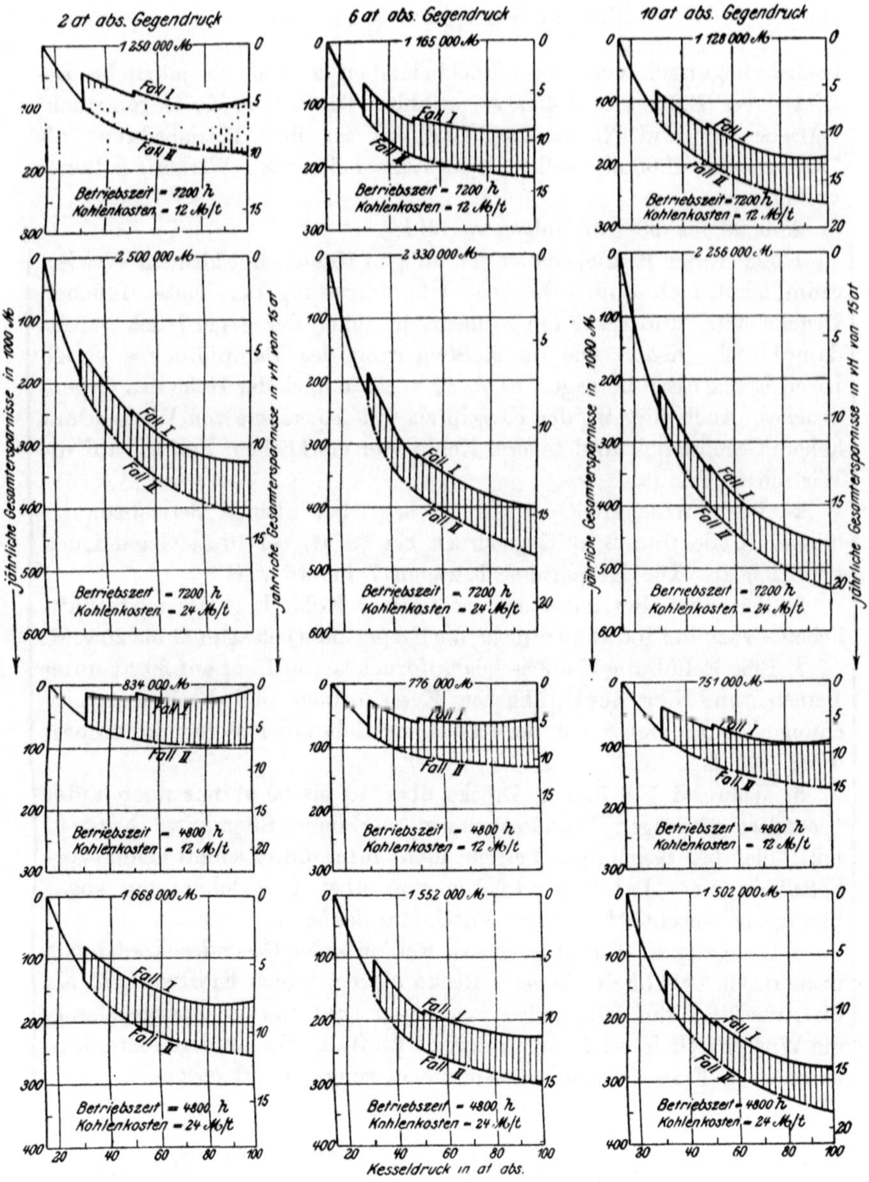

Fall I : Teuerer Steilrohrkessel (mit Ekonomiser) und Luftvorwärmer ohne Ruths-Speicher
Fall II : Teuerer Sektionalkessel (" ") " " " " " "

Abb. 96 bis 98. Jährliche Gesamtersparnisse in kombinierten Kraft- und Heizwerken (Gegendruckbetrieben) durch Übergang zu hohen Frischdampfdrücken bei 2 at, 6 at, 10 at abs. Gegendruck und 100 t stündlichem Heizdampfbedarf gemäß den Annahmen von Fall b) auf S. 97.

Beachte: Ein Übergang zu 40 bis 50 at Frischdampfdruck lohnt sich auch unter ungünstigen Verhältnissen. Durch Steigerung der Frischdampfspannung auf 80 bis 100 at sind Ersparnisse bis zu rd. 20 v. H. möglich. Kesselkosten haben auf die Erzeugungskosten wesentlich weniger Einfluß als bei Abb. 94 u. 95.

triebsbedingungen von Gegendruckbetrieben wurden als jährliche Betriebsdauer 7200 st und 4800 st gewählt. Da viele große Gegendruckbetriebe Tag und Nacht durcharbeiten, ist ihre Betriebsdauer oft 7200 st/Jahr, 4800 st werden, wenigstens bei großen Werken, seltener vorkommen.

Abb. 96 bis 98 gibt folgendes Bild:

1. Bei großer Betriebsdauer und billigen Kesseln mit kleinem Wasserraum lohnt sich eine erhebliche Überschreitung der heute üblichen Drücke stets, und zwar um so mehr, je höher der Gegendruck (Heizdampfdruck) liegt. Die durch Steigerung des Dampfdruckes erzielbaren Ersparnisse betragen 10 bis 20 v. H. je nach der Höhe des Gegendruckes. Auch hier ist der Kesselpreis mit Ausnahme von Werken mit hohem Gegendruck und teuerer Kohle von merklichem Einfluß auf die Wirtschaftlichkeit.

2. Der wirtschaftlichste Druck liegt bei kleiner Betriebsdauer, billiger Kohle und 2 at Gegendruck bei 60 at, bei 10 at Gegendruck über 100 at. Die Ersparnisse betragen 7 bis 15 v. H.

3. Bei hoher Betriebsdauer und teuerer Kohle liegt der wirtschaftlichste Druck bei 100 at oder mehr, die Ersparnisse betragen 11 bis 20 v. H.

4. Eine Erhöhung des Frischdampfdruckes von 15 at auf 30 at unter Beibehaltung der heute üblichen Kesselformen und Blechbeanspruchungen lohnt sich auch bei 4800 st Betriebsdauer stets und erspart 5 bis 10 v. H.

5. Während bei Fall a) Drücke über 40 bis 60 at nur noch unter besonders günstigen Voraussetzungen merkliche Ersparnisse bringen, trifft dies bei Gegendruckbetrieb auch unter durchschnittlichen Verhältnissen zu. Bei Gegendrücken von über 6 at lohnt sich sogar häufig ein wesentlich höherer Frischdampfdruck.

6. Übergang zu Höchstdruck bedeutet bei vielen Gegendruckbetrieben insofern ein erheblich kleineres Risiko als bei reinen Kraftwerken, als die Aussichten auf Ersparnisse weit besser sind und unvorhergesehene, die Wirtschaftlichkeit benachteiligende Einflüsse ein günstiges Ergebnis nicht so in Frage stellen können wie in reinen Kraftwerken.

VIII. Neue wärmewirtschaftliche Probleme.

a) Zwischenüberhitzung.

In Abschnitt VIIc u. d wurde gezeigt, daß bei hohen Frischdampfdrücken Zwischenüberhitzung aus thermischen und betriebstechnischen Gründen erforderlich oder doch zum mindesten vorteilhaft ist.

Sie gilt daher bereits als etwas gewissermaßen Selbstverständliches und soll nach den bisher bekanntgewordenen Plänen oder Veröffentlichungen über diesen Gegenstand entweder in Apparaten, die in denselben Kesselblock wie die Hochdrucküberhitzer eingebaut sind, oder in direkt befeuerten Zwischenüberhitzern erfolgen. Beide Absichten dürften aber m. E. auf folgende Schwierigkeiten stoßen:

1. Werden die Zwischenüberhitzer zusammen mit den Hochdrucküberhitzern in die Höchstdruckkessel eingebaut, so wird es bei größeren Anlagen, wo 4—8 Kessel auf eine Turbine arbeiten, sehr schwer, wenn nicht fast unmöglich werden, die von der Hochdruckstufe kommende Dampfmenge einigermaßen gleichmäßig auf alle Apparate zu verteilen. Einige Zwischenüberhitzer werden zuviel, andere zuwenig Dampf erhalten, wodurch ihre Lebensdauer leidet und die Aufrechterhaltung der gewünschten Dampftemperatur sehr erschwert wird.

2. Abb. 99 zeigt, daß die Hin- und Rückleitungen für den von neuem zu überhitzenden Dampf sehr lang werden. Da bald der eine, bald der andere Kessel außer Betrieb sein kann, müssen sie reichlich bemessen werden. Der Druckabfall zwischen den einzelnen Abzweigen der Anschlußleitungen an die Sammelleitung muß sehr klein sein, andernfalls ist eine einigermaßen gleichmäßige Verteilung auf die verschiedenen Zwischenüberhitzer überhaupt nicht erzielbar. Die Zahl der erforderlichen Ventile und Formstücke wird groß und infolgedessen der Druck- und Temperaturverlust hoch, da die Leitungen über doppelt so lang werden wie die Frischdampfleitungen bei Kesseln von 15—20 at. Bedienungsfehler beim Verstellen der zahlreichen Ventile sind leicht möglich und können für Turbine und Überhitzer gefährlich werden, für letztere z. B. deshalb, weil es im Gegensatz zu Hochdrucküberhitzern vorkommen kann, daß der Überhitzer befeuert wird, ohne von Dampf durchströmt zu sein.

3. Direkt befeuerte Zwischenüberhitzer haben keine lange Lebensdauer, insbesondere brennen die ersten Rohrreihen schnell durch, wenn nicht mit hohem Luftüberschuß, also schlechtem Wirkungsgrad, gearbeitet wird. Die Rauchgase können nicht genügend ausgenutzt werden, so daß der Wirkungsgrad auf doppelte Weise verschlechtert wird und in vielen Fällen die in der Turbine erzielten Ersparnisse aufzehrt. Außerdem sind besondere Zwischenüberhitzer für den Betrieb unbequem und verursachen Mehraufwand an Platz, Bedienung und Reparaturen.

4. Die Dampfmenge in den Hin- und Rückleitungen zum Zwischenüberhitzer ist der Einwirkung des Turbinenreglers entzogen, wenn nicht zu gekünstelten Turbinenregelungen gegriffen werden soll.

5. Aus den in Abschnitt IIb angegebenen Gründen wird die Dampferzeugung eines Höchstdruckkessels von 100 at durch den eingebauten Zwischenüberhitzer um etwa 11 v. H. verringert. Die Kosten für die teueren Kesseltrommeln werden aber etwa ebenso hoch, wie wenn kein

Zwischenüberhitzer vorhanden wäre, und bedingen dadurch vergleichsweise hohe Kapitalkosten für die Zwischenüberhitzung. Der Einfluß ist bei Steilrohrkesseln mit mehreren Trommeln und großem Wasserinhalt größer als bei Sektionalkesseln. Will man daher auf den Zusammenbau des Zwischenüberhitzers mit dem Hochdrucküberhitzer nicht verzichten, so empfehlen sich Sektionalkessel wohl mehr als Steilrohrkessel.

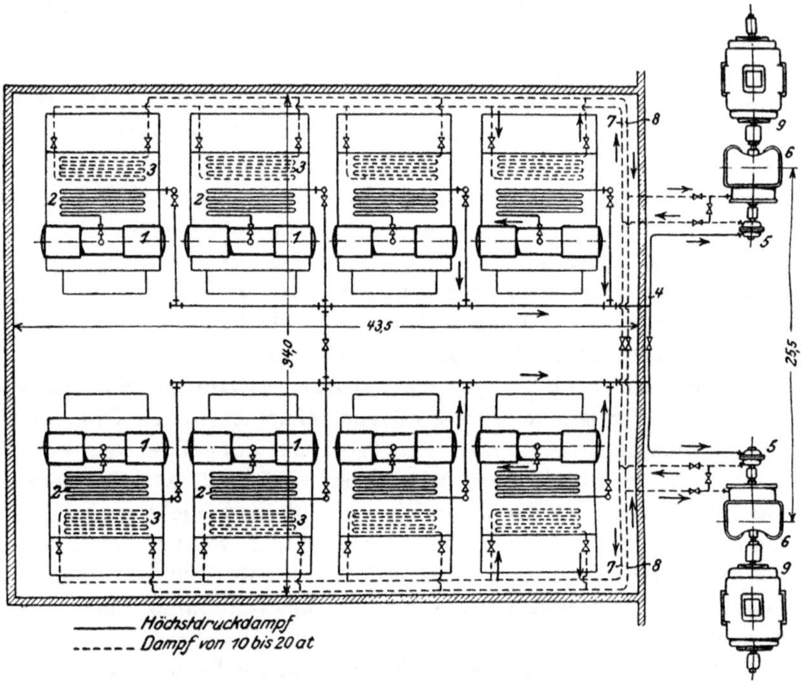

Abb. 99. Raum- und Anordnungsskizze für ein Kraftwerk mit 2 Höchstdruckturbinen von je 20 000 kW-Leistung mit Zwischenüberhitzung mittels Rauchgasen. **Beachte:** Die Abb. zeigt die große Länge der Hin- und Rückleitungen für den von neuem zu überhitzenden Dampf und die vielen erforderlichen Ventile. Daher große Druck- und Wärmeverluste; Schwierigkeit des guten Parallelarbeitens der zahlreichen Zwischenüberhitzer; das beträchtliche Dampfgewicht in den Leitungen zwischen Turbinen und Zwischenüberhitzer ist dem Einfluß des Turbinenregulators entzogen.

Baurat Wilhelm Schmidt hat nun vorgeschlagen, die Zwischenüberhitzung durch gesättigten oder überhitzten Höchstdruckdampf zu bewirken. Hierdurch kann aber nur eine begrenzte Zwischenüberhitzung erzielt werden, weil der als Heizdampf verwendete Höchstdruckdampf aus thermischen und betriebstechnischen Gründen kondensiert werden muß. Wollte man dies dadurch vermeiden, daß man ihn in der Turbine vollends expandieren läßt, so würde außer betriebstechnischen und konstruktiven Schwierigkeiten eine thermisch unvorteilhafte Wirkung erzielt. Die beschränkte Höhe der Zwischenüberhitzung rührt davon her, daß die aus der Überhitzung des Heizdampfes herausholbare Wärme im Vergleich zu seiner latenten Wärme klein ist und mit letzterer höchstens eine Dampftemperatur gleich der Sättigungstemperatur des Heizdampfes erreicht werden kann. Abb. 100 zeigt, auf welche Temperatur der in der Hochdruckturbine auf 15 at expandierte Dampf durch Höchstdruck-Heizdampf von 400 °C und 50 bis 100 at theoretisch überhitzt werden kann, wenn die Menge des Heizdampfes so bemessen wird, daß er gerade seine ganze latente Wärme hergibt, also eben kondensiert.

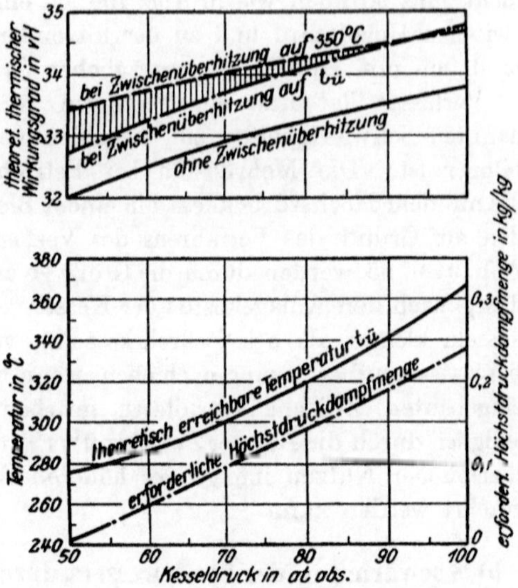

Abb. 100 u. 101. Erreichbare Dampftemperatur, erforderliche Höchstdruckdampfmenge und theoretischer thermischer Wirkungsgrad bei Zwischenüberhitzung mittels Höchstdruckdampfes von 400° C.

Bei Drücken von etwa 80 at an erzielt nach Abb. 100 u. 101 das Verfahren nach Schmidt thermisch etwa dieselbe Wirkung wie Zwischenüberhitzung durch Rauchgase. Hierbei werden auf 1 kg von neuem zu überhitzenden Dampf etwa 0,14 bis 0,25 kg Höchstdruckdampf benötigt. Da aber seine volle latente Wärme wieder nach den Höchstdruckkesseln zurückgeführt wird, verringert sich deren Erzeugung von Arbeitsdampf für die Turbine nur um 6—10 v. H. Auch bei diesem Verfahren ist die für die Zwischenüberhitzung benötigte Wärme mit den hohen Anlagekosten des Höchstdruckkessels belastet, ohne den vollen Wert von Höchstdruckdampf zu haben. Trotzdem hat das Verfahren von Schmidt in vielen Fällen, und aus den angegebenen Gründen besonders bei sehr hohen Drücken, den Vorzug einer einheitlichen Betriebsweise. Es wird sich daher vor allem für Dampfmaschinen eignen, die im Vergleich zu modernen Turbinen nur verhältnismäßig kleine Leistung haben und bei denen einfache Gesamtanordnung besonders wichtig ist. Bei seiner Beurteilung ist übrigens zu beachten, daß es noch genauer Untersuchungen bedarf, welche Höhe der Zwischenüberhitzung bei Turbinen empfehlenswert oder auskömmlich ist. In Abb. 101 ist durch Schraffur kenntlich gemacht, wie groß der Unterschied des theoretischen thermischen Wirkungsgrades bei verschiedenen Frischdampfdrücken und 400 ° C Frischdampftemperatur ist, wenn die Zwischenüberhitzung durch unmittelbare Beheizung durch Rauchgase auf 350 ° C und wenn sie auf den durch Beheizung mit Höchstdruckdampf erreichbaren Wert $t_ü$ ° C getrieben wird. Voraussichtlich wird der Unterschied in Wirklichkeit größer werden; außerdem spielen ja bei der Frage der zweckmäßigsten Überhitzung auch betriebstechnische Punkte, wie Schonung der Turbinenschaufeln, eine Rolle. $t_ü$ wird übrigens in praxi nicht ganz so hoch wie in Abb. 100, da ein gewisses Temperaturgefälle zwischen Heizdampf und zu überhitzendem Dampf zugelassen werden muß, um mit Heizflächen erträglicher Größe auszukommen.

Verfasser hat nun ein Verfahren vorgeschlagen, das die vorgenannten Schwierigkeiten zu vermeiden verspricht und einfacher und billiger ist. Die Mehrkosten bei Betrieb mit Zwischenüberhitzern, die mit dem Höchstdruckkessel in einem Block vereinigt sind, gegenüber den auf Grund des Verfahrens des Verfassers errechneten Kurven in Abb. 94 u. 95 werden durch die Größe A angegeben. Um dieses Stück, das je nach den Anlagekosten der Kessel verschieden ist (bei Sektionalkesseln kleiner als bei Steilrohrkesseln), verschieben sich die Kurven bei Zwischenüberhitzung nach oben, wenn mit in die Höchstdruckkessel eingebauten Zwischenüberhitzern gearbeitet wird. Man sieht, daß lediglich durch die Art der Zwischenüberhitzung in vielen Fällen ihr rein thermischer Nutzen infolge der höheren Anlagekosten fast ganz aufgezehrt werden kann.

b) Vorwärmung des Speisewassers durch abgezapften Dampf[1]).

In Amerika ist der sogenannte Regenerativprozeß seit Jahren Gegenstand der Aufmerksamkeit der Fachwelt und spielt in der technisch-wissenschaftlichen Literatur eine große Rolle. In Deutschland ist er lange Zeit hindurch fast unbeachtet geblieben. Sein Wesen soll daher kurz geschildert werden.

Bei uns wird der Rankine-Prozeß, bei dem die Expansion adiabatisch, d. h. ohne Wärmezu- oder -abfuhr, verläuft, fast allgemein — und gewissermaßen als etwas Selbstverständliches — für den theoretisch vorteilhaftesten Kreisprozeß für Dampfkraftmaschinen angesehen. Die Entropie[2]) bleibt bei adiabatischer Expansion bekanntlich konstant. Die Expansion verläuft daher im Temperatur-Entropiediagramm nach der Geraden $d-f$, der thermische Wirkungsgrad des Rankine-Prozesses ist gleich dem Quotienten aus Fläche $a\,b\,c\,d\,f$ geteilt durch Fläche $i\,a\,b\,c\,d\,f\,g$, Abb. 102.

[1]) Lesern, die mit dem Begriff „Entropie“ und dem Wesen des Entropiediagrammes wenig vertraut sind, wird empfohlen, vor diesem Abschnitt S. 122 bis 128 von Abschnitt VIII e zu studieren.

[2]) Siehe Erläuterung 3, S. 139/140.

Beim idealen Regenerativprozeß wird dagegen dem Dampf während der Expansion Wärme entzogen und unter unendlich kleinem Temperaturgefälle in unendlich vielen Stufen an das in die Kessel zurückgespeiste Kondensat übertragen, bis es z. B. Sättigungstemperatur erreicht hat. Die entzogene Wärme kann z. B., wie in Abb. 103 angenommen ist, ebenso groß sein wie die zur Erwärmung des Kondensates von der dem Kondensatordruck entsprechenden Sättigungstemperatur auf die dem Frischdampfdruck entsprechende Sättigungstemperatur; sie kann aber auch kleiner gehalten werden. Die Expansion kann z. B. nach Kurve *d e f* in Abb. 103 verlaufen, der thermische Wirkungsgrad des Prozesses ist dann gleich dem Verhältnis von Fläche (*a b c d e f*) zu Fläche (*i a b c d e f g*), also erheblich günstiger als beim Rankine-Prozeß. Im einzelnen kann der Vorgang von Punkt *e* nach *f* auf die verschiedenartigste Weise durchgeführt werden, doch wird hier auf diese Einzelheiten nicht näher eingegangen, als es zum Verständnis der Bedeutung und Durchführung des Verfahrens nötig ist.

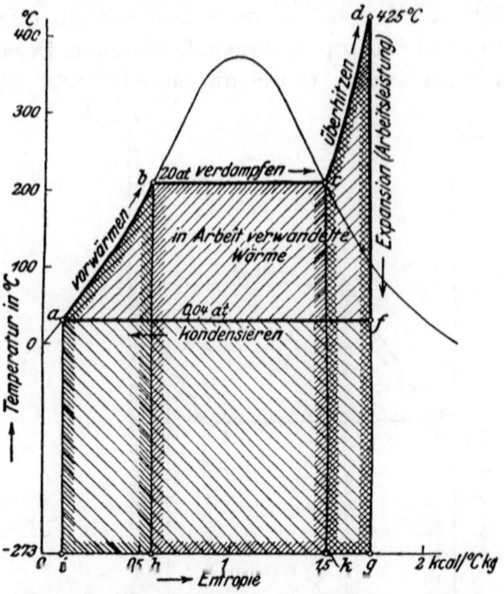

Abb. 102. Rankine-Kreisprozeß für 1 kg Wasserdampf im Entropie-Temperaturdiagramm bei Frischdampf von 20 at und 425° C.

= Im Kondensator abgeführte Wärmemenge.
= In Arbeit verwandelte Wärmemenge.
= Im Überhitzer zugeführte Wärmemenge.
= Im Kessel zugeführte Wärmemenge.
= Im Ekonomiser zugeführte Wärmemenge (unter der Voraussetzung, daß bis auf Sättigungstemperatur vorgewärmt wird).

Zustand des Frischdampfes bei Beginn der Expansion = 20 at, 425° C.
Absoluter Druck im Kondensator = 0,04 at.

$$\text{Thermischer Wirkungsgrad} = \frac{(a\,b\,c\,d\,f)}{(i\,a\,b\,c\,d\,f\,g)}.$$

Der theoretische thermische Wirkungsgrad ist besonders bei hohen Anfangsdrücken bei einem Regenerativprozeß viel höher als beim Rankine-Prozeß, Abb. 91. Die theoretische Überlegenheit ist so groß, daß der Regenerativprozeß eingehendste Beachtung auch der Praktiker verdient.

Für seine Durchführung sind verschiedene Lösungen denkbar. Man könnte z. B. die Turbine in mehrere Gehäuse unterteilen und zwischen je zwei Gehäuse einen Vorwärmer schalten, in welchem das Kondensat stufenweise durch den gesamten Arbeitsdampf vorgewärmt wird. Auf diese Weise würde man sich dem idealen Prozeß am meisten nähern. Aber selbst, wenn man sich mit nur 3—4 Stufen begnügen und erhebliche Temperaturgefälle zwischen Dampf und Kondensat in Kauf nehmen würde, wären die betriebs- und wärmetechnischen Schwierigkeiten sehr groß, weil der Dampf im Niederdruckgebiet sehr feucht und die Turbine sehr unförmig ausfallen würde, ganz abgesehen von den unvermeidlichen Druck- und Wärmeverlusten.

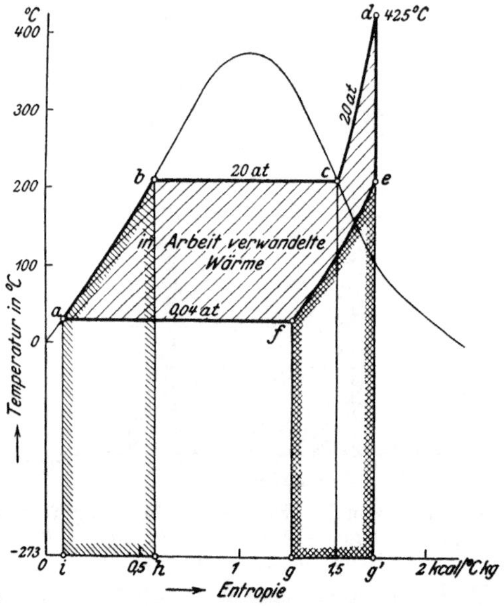

Abb. 103. Regenerativ-Kreisprozeß für 1 kg Wasserdampf im Entropie-Temperaturdiagramm bei Vorwärmung des Speisewassers bis auf Sättigungstemperatur.

= In Arbeit verwandelte Wärmemenge.

= Wärmeaufwand für Vorwärmung des Kondensates auf Sättigungstemperatur.

= Dem Dampf während der Expansion entzogene und für die Erwärmung seines Kondensates von Kondensattemperatur auf Sättigungstemperatur verwendete Wärmemenge.

Zustand des Frischdampfes bei Beginn der Expansion = 20 at, 425° C.

Absoluter Druck im Kondensator = 0,04 at.

$$\text{Thermischer Wirkungsgrad} = \frac{(a\,b\,c\,d\,e\,f)}{(i\,a\,b\,c\,d\,e\,f\,g)}.$$

Die bisherigen Annäherungen an den Regenerativprozeß beschreiten daher einen anderen Weg, indem sie das Kondensat mit an mehreren Stellen der Turbine abgezapftem Dampf in hintereinandergeschalteten Wärmeaustauschapparaten stufenweise erhitzen, Abb. 104. Der grundsätzliche Unterschied gegenüber der zuerst beschriebenen Lösung besteht darin, daß nur die Menge, nicht aber der Wärmezustand des Arbeitsdampfes in der Turbine geändert und daß der abgezapfte Dampf restlos kondensiert wird. Der Wassergehalt des Dampfes im Niederdruckteil der Turbine bleibt derselbe wie beim Rankine-Prozeß, es entstehen fast keine Druck- und Wärmeverluste, und die Gesamtanordnung wird erheblich einfacher.

Man muß sich natürlich auch hier mit wenigen Stufen, etwa 2—4, je nach der Höhe des Anfangsdruckes, begnügen und stößt voraussichtlich auch dann noch auf manche konstruktive Schwierigkeiten.

In Amerika erwärmen verschiedene große Kraftwerke das Speisewasser durch abgezapften Dampf, teilweise unter Benutzung des Arbeitsdampfes einer besonderen, mit Auspuff arbeitenden „Hausturbine", die lediglich den ganzen Eigenverbrauch des Werkes erzeugt und von den Hauptturbinen völlig getrennt ist. Die weitere Erwärmung geschieht dann durch Anzapfdampf aus den Hauptturbinen. Zu mehr als 2 Anzapfstellen ist man aber m. W. bisher nicht gegangen. Es wird über günstige Erfahrungen berichtet; nur darüber, ob sich die Aufstellung besonderer Hausturbinen lohnt, scheinen die Ansichten geteilt zu sein.

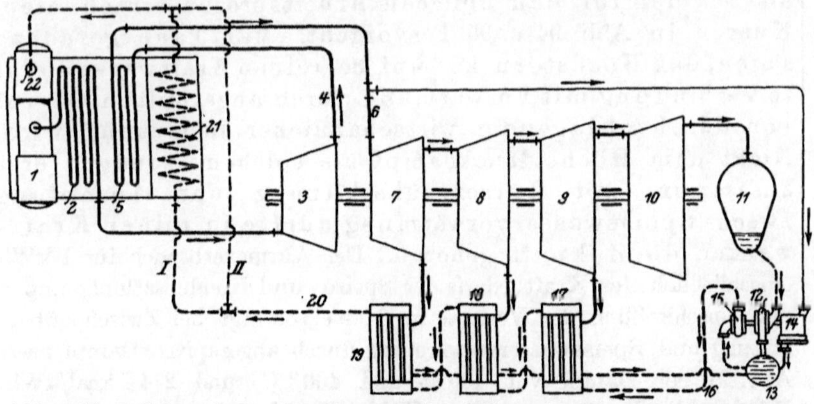

Abb. 104. Schematische Anordnung einer Höchstdruckdampfkraftanlage mit Zwischenüberhitzung und dreifacher Vorwärmung des Speisewassers durch abgezapften Dampf.
1 = Höchstdruckkessel, *2* = Höchstdrucküberhitzer, *3* = Höchstdruckstufe der Turbine, *4* = Dampfleitung nach *5*, *5* = Zwischenüberhitzer, *6* = Rückleitung von *5*, *7* bis *10* = Niederdruckstufen der Turbine, *11* = Kondensator, *12* = Kondensatpumpe, *13* = Hilfskondensator zum Niederschlagen des Abdampfes von *14*, *14* = Hilfsturbine, *15* = Kesselspeisepumpe, *16* = Kondensatleitung zu den Vorwärmern, *17* bis *19* = Speisewasservorwärmer für abgezapften Dampf, *20* = Speiseleitung, *21* = Ekonomiser (wird meistens durch Luftvorwärmer ersetzt), *22* = Eintritt des Speisewassers im Dampfkessel.

Über die zweckmäßigste Speisewassererwärmung sind in Amerika zahlreiche, z. T. sehr wertvolle Abhandlungen erschienen, von denen aber m. E. einige die Frage zu sehr als reine Vorwärmungsfrage auffassen. Es handelt sich jedoch bei allen diesen Anordnungen im Grunde genommen weniger um Probleme der Speisewasservorwärmung als vielmehr um die Annäherung an einen neuartigen Kreisprozeß, nämlich das Regenerativverfahren.

In Abb. 91 ist für mehrfache Anzapfung ausgerechnet, wie groß bei einmaliger Zwischenüberhitzung der Wärmeverbrauch für 1 kWh einschließlich des Kraftbedarfs der Speisepumpen und der Kondensations-Hilfsmaschinen und einschließlich der Verluste im Kessel für Frischdampfdrücke von 30 bis 100 at wird.

Wieweit es den Konstrukteuren gelingen wird, die Turbinen so zu bauen, daß die sehr erheblichen rechnerischen Ersparnisse tatsächlich verwirklicht werden, soll hier dahingestellt bleiben. Die Größe der Ersparnisse bei Speisewasservorwärmung durch Anzapfdampf ist, wenn sie sich einigermaßen voll verwirklichen lassen sollte, jedenfalls so beträchtlich, daß die Aussichten von Höchstdruckdampf bei gleichzeitiger Anwendung des Regenerativverfahrens in reinen Kraftwerken weit günstiger werden, als bisher angenommen wurde und als aus den für den üblichen Arbeitsprozeß errechneten, Kurven in Abb. 94 u. 95 hervorgeht. Man kann geradezu sagen, daß Höchstdruckdampf bei reinen Kraftwerken erst in Verbindung mit Vorwärmung durch angezapften Dampf von durchschlagender wirtschaftlicher Bedeutung wird. Nicht dem Höchstdruckdampf als solchem, sondern erst zusammen mit Zwischenüberhitzung und Anzapfung zwecks Speisewasservorwärmung dürfte in reinen Kraftwerken die Zukunft gehören. Der Wärmeverbrauch für 1 kWh einschließlich des Kraftbedarfs der Speise- und Kondensationspumpen und einschließlich der Verluste im Kessel beträgt bei Zwischenüberhitzung und Speisewasservorwärmung durch abgezapften Dampf nach Abb. 91 bei Dampf von 100 at und 400° C rund 2744 kcal/kWh. Erhalten die Kessel neuzeitliche Kohlenstaubfeuerungen, so dürfte es, da auch in der Turbine sich noch gewisse Vorteile herausholen lassen, möglich sein, ihn auf etwas unter 2650 kcal/kWh herabzudrücken, d. h. auf einen Betrag gleich dem Wärmeverbrauch von Dieselmaschinen.

Für Dampfturbinen, von denen vielfach angenommen wurde, sie seien am Ende ihrer Entwicklungsfähigkeit angelangt und könnten bei Vollast in rein thermischer Beziehung Dieselmaschinen nie gefährlich werden, sind also durch die Fortschritte der letzten Jahre ganz neue Möglichkeiten erschlossen worden. Die neueste Entwicklung ist gekennzeichnet durch die Anwendung von Drücken von 50—100 at, Dampftemperaturen von 400—425° C, Kessel mit kleinen Wasserräumen und weitgetriebener Vorwärmung des Speisewassers, Zwischenüberhitzung, Vorwärmen des Speisewassers durch abgezapften Dampf, Ruths-Wärmespeicher im Niederdruckgebiet, Kohlenstaubfeuerungen und Luftvorwärmer. Freilich wird es noch vieler Arbeit bedürfen, bis solche Höchstdruckanlagen den für Großbetriebe erforderlichen Grad von Einfachheit und Zuverlässigkeit erreicht haben. Grundsätzliche Schwierigkeiten bestehen aber, soweit man zur Zeit überblicken kann, nicht mehr, und es läßt sich schon heute mit ausreichender Sicherheit sagen, welche Ersparnisse in den verschiedensten Fällen etwa erwartet werden können. Die selbsttätige Anpassung der abgezapften Dampfmengen an die Belastung der Turbinen und ihre zweckmäßige Verteilung auf die einzelnen Vorwärmerstufen wird bei mehrfacher Anzapfung nicht ganz einfach sein. Es wäre aber schon viel gewonnen, wenn sie zunächst nur für annähernd konstant belastete Turbinen zuverlässig gelöst werden würde.

Aus Mangel an Unterlagen mußte auf die Ermittlung der Erzeugungskosten bei Turbinen mit Speisewasservorwärmung durch abgezapften Dampf verzichtet werden. Es läßt sich aber so viel sagen, daß ein nicht unbeträchtlicher Teil der Kosten für die Röhrenvorwärmer und die Entnahmevorrichtungen für den abgezapften Dampf dadurch ausgeglichen wird, daß der Kondensator und die Kesselanlage kleiner ausfallen. Ferner kann man mit großer Wahrscheinlichkeit behaupten, daß die höheren Anlagekosten für die Anzapf- und Anwärmevorrichtungen die Wirtschaftlichkeit der Anzapfung nicht gefährden.

c) Kraftwerke mit zweierlei Frischdampfdrücken.

Durch den Übergang zu höheren Dampfspannungen werden viele vorhandene Werke in Zukunft mit zwei verschiedenen Frischdampfdrücken arbeiten, und es muß Vorsorge dafür getroffen werden, daß die Turbinen mit höherem Druck als die wirtschaftlicheren Maschinen möglichst viel Energie erzeugen, also vor allem die Grundlast und denjenigen Teil der veränderlichen Belastung decken, der während der größeren Zeit vorhanden ist. Der „Niederdruckteil“ solcher Werke übernimmt dann mehr die Rolle eines Spitzenkraftwerkes. Hierfür mußte eine Reihe neuartiger Schaltungen und Apparate entwickelt werden, die möglichst selbständig den Druck im Höchstdrucknetz konstant halten, die Belastung in zweckmäßiger Weise auf Hochdruck- und Niederdruckturbinen verteilen und ein reibungsloses, sicheres Zusammenarbeiten von Hochdruck- und Niederdruckanlage gewährleisten. Insbesondere waren selbsttätige, völlig zuverlässige, von den Mängeln der handelsüblichen Marken freie Reduzierventile erforderlich.

Die Anwendungsmöglichkeit für solche Ventile ist sehr groß [1]).

Abb. 105 zeigt die Schaltung eines Werkes mit zwei Kesselhäusern von verschiedenem Dampfdruck. Die Höchstdruckturbine pufft in das Niederdrucknetz aus, wo sich ihr Dampf mit dem der Niederdruckkessel mischt, um dann in den Niederdruckturbinen vollends auf Kon-

[1]) Siehe Stein: AEG-Zeitung 1923, Heft 3.

densatorspannung zu expandieren. Die Höchstdruckturbine soll als wirtschaftlichere Maschine möglichst voll belastet durchlaufen. Solange ihre Leistung nicht größer ist als die benötigte Energiemenge, wird ihr Dampfzufluß nicht von ihrem Geschwindigkeitsregler, sondern von einem Organ geregelt, das unter der Einwirkung des Kesseldruckes steht und bestrebt ist, ihn konstant zu halten. Durch diese einfache Schaltung wird erreicht, daß die wirtschaftlichere Höchstdruckturbine selbsttätig dauernd nahezu voll belastet läuft. Die Heizer im Höchstdruckkesselhaus brauchen sich dann um die Vorgänge im Niederdruckkesselhaus überhaupt nicht zu kümmern. Solange die Belastung des Werkes eine solche ist, daß der Abdampf der Höchstdruckturbinen von den Niederdruckturbinen voll aufgenommen wird oder daß letzteren noch zusätzlicher Frischdampf zugesetzt werden muß, heizen sie voll, geht die Belastung unter die volle Leistung der Höchstdruckturbine zurück, so zeigt ihnen der steigende Manometerdruck, daß sie die Dampfleistung der Kessel verringern müssen. U. U. kann es erwünscht sein, die beiden Dampfnetze außerdem durch ein Überströmventil unmittelbar miteinander zu verbinden, um gleichzeitiges Abblasen in beiden Kesselhäusern, wie es gelegentlich vorkommen könnte, zu verhindern. Das Überströmventil wird dann so eingestellt, daß es öffnet, wenn die Höchstdruckkessel nahe am Abblasen sind. Ist aus irgendwelchen Gründen die Niederdruckkesselanlage etwas zu klein, die Höchstdruckanlage aber reichlich bemessen, was z. B. bei der Erweiterung eines vorhandenen Werkes mit 10 bis 20 at Frischdampfdruck vorkommen kann, so kann es ferner vorteilhaft sein, dem Überströmventil einen zweiten Impuls zu geben, der bei Dampfmangel im Niederdrucknetz Dampf von der höheren Spannung nachströmen läßt.

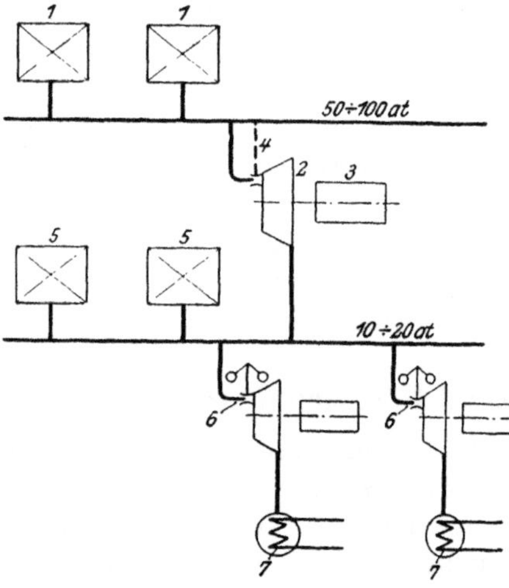

Abb. 105. Einfügung einer Höchstdruckturbine als Vorschaltstufe in ein vorhandenes Kraftwerk. *1* = Höchstdruckkessel, *2* = Höchstdruckturbine, *3* = Generator, *4* = Betätigungsleitung für Dampfzufluß zu *2*, *5* = Niederdruckkessel, *6* = Niederdruckturbinen, *7* = Kondensatoren. **Beachte:** Höchstdruckturbine reguliert auf konstanten Druck in den Höchstdruckkesseln und läuft dauernd nahezu vollbelastet. Belastungsschwankungen werden durch Niederdruckturbinen aufgenommen.

Außer dieser Schaltung kann die Anordnung auch so getroffen werden, daß die Belastung der beiden Turbinengruppen unmittelbar durch Einwirkung des Druckes in den Höchstdruckkesseln auf die Turbinenregelung erfolgt.

d) Einbau von Wärmespeichern bei Kraftwerken.

In diesem Zusammenhang sollen noch einige die Einschaltung von Ruths-Speichern in reine Kraftwerke betreffende Gesichtspunkte besprochen werden. Wie auf S. 87/88 gezeigt wurde, sind in diesem Falle Ruths-Speicher häufig nichts anderes als ein vergrößerter, ins Niederdruckgebiet verlegter und in eine einzige Einheit zusammengefaßter Ersatzwasserraum für die aus finanziellen Gründen sehr klein bemessenen Wasserräume der Höchstdruckkessel und brauchen daher, wie diese, nur Spitzen von der Dauer weniger Minuten auszugleichen. Es kommt aber viel darauf an, daß sie sehr schnell und zuverlässig zu- und abgeschaltet werden, je nachdem ob die jeweilige durchschnittliche Leistung gerade über- oder unterschritten wird. Die Ladung des Ruths-Speichers kann entweder durch gedrosselten Frischdampf oder durch Dampf, der bereits Arbeit geleistet hat, erfolgen. Die zweite Anordnung ist wirtschaftlicher, aber etwas verwickelter. Abb. 106 zeigt direkte Aufladung, Abb. 107 und 108 Aufladung durch den Abdampf der Hochdruckstufe.

In Abb. 106 läßt Ventil *15* Frischdampf nach dem Ruths-Speicher *3* treten, wenn die Belastung der Turbine kleiner ist als der augenblicklichen Dampferzeugung der Kessel *1* entspricht. Das Ventil schließt aber unter dem Einfluß eines entsprechenden Betätigungsorganes ab, sobald der Druck in *16* auf seinem zulässigen Höchstwert angelangt ist, gleichgültig welcher Druck in *2* herrscht. Bei einer Spitze fällt der Druck in *2* zunächst etwas, schließt dadurch mittels Apparat *10* Ventil *12* etwas und öffnet Ventil *13*, durch welches Dampf aus *3* in einen besonderen Düsenkranz in der Niederdruckstufe eintritt und die Spitze deckt. Wirtschaftlicher wäre es, den Speicher *3* durch Abdampf aus *6* zu laden. Es könnte dies durch ein Überströmventil *17* geschehen, welches öffnet, sobald der Druck in *2* fallen will. Im übrigen wäre die Arbeitsweise dieselbe. Es entsteht hierbei jedoch insofern eine Schwierigkeit, als der Druck zwischen Hochdruckstufe *6* und Niederdruckstufe *7* mit der Belastung schwankt. Der Speicher muß aber bei jeder Belastung eingreifen können, sofern nur die gerade vorhandene durchschnittliche Werksbelastung über- oder unterschritten wird. Aus diesem Grunde kann Ventil *17* nicht unter die Herrschaft des Zwischendruckes zwischen *6* und *7* gestellt werden.

Andererseits kann der größte Druck in *3* höchstens gleich dem Mindestwert des Zwischendruckes zwischen *6* und *7* sein, der bei schwacher Belastung erreicht wird, was für die Bemessung des Speichers und

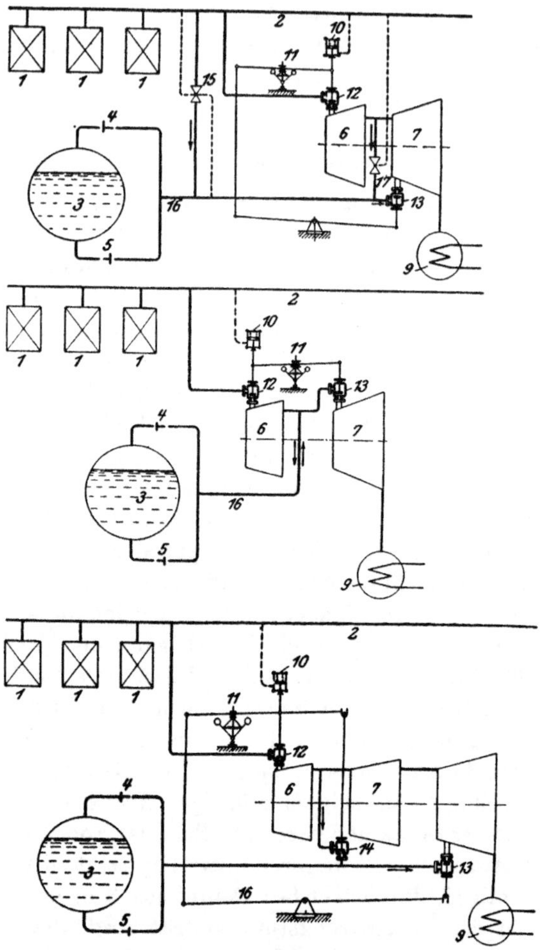

Abb. 106 bis 108. Verschiedene Schaltungsschemata eines Ruths-Wärmespeichers in Höchstdruck-Kraftwerken.

Abb. 106. Ladung des Speichers enweder durch gedrosselten Frischdampf allein oder zusammen mit Auspuffdampf der Hochdruckstufe der Turbine. *1* = Höchstdruckkessel, *2* = Höchstdruck-Frischdampfleitung, *3* = Ruths-Speicher, *4* = Rückschlagventil in Entladeleitung, *5* = desgl. in Ladeleitung, *6* = Hochdruckstufe, *7* = Niederdruckstufe der Turbine, *9* = Kondensator, *10* = Dampfdruckregler (von *2* aus beeinflußt), *11* = Tourenregler der Turbine, *12* = Einlaßventil in Hochdruckstufe, *13* = Einlaßventil für besondere Düsengruppe in der Niederdruckstufe, *15* = Überströmventil für Frischdampf, *16* = Lade- und Entladeleitung des Ruths-Speichers, *17* = Überströmventil für Abdampf der Hochdruckstufe.

Abb. 107. Ladung des Speichers mit Abdampf der Hochdruckstufe. *13* = Eintrittsventil in Niederdruckstufe.

Abb. 108. Ladung des Speichers mit Abdampf der Hochdruckstufe, Wiedereinführung dieses Dampfes unter Umgehung der Mitteldruckstufe in die Niederdruckstufe. *7* = Mitteldruckstufe, *8* = Niederdruckstufe der Turbine, *14* = Ladeventil des Speichers mit Abdampf der Hochdruckstufe, *13* = Einlaßventil für besondere Düsengruppe in der Niederdruckstufe *8*.

auch der Niederdruckturbine nicht immer erwünscht ist. Diesen Schwierigkeiten kann abgeholfen werden, indem sowohl Ventil *15* als auch *17* vorgesehen werden. Ventil *15* würde dann so eingestellt, daß es erst öffnen kann, wenn der Druck zwischen *6* und *7* unter einen gewissen Betrag gefallen ist. Ventil *17* wäre gleichzeitig als Rückschlagventil auszubilden. Auf diese Weise läßt sich erreichen, daß während des größten Teiles der Zeit die Aufladung nur mit Abdampf aus *6* erfolgt, ohne daß deshalb der obere Speicherdruck bzw. der Druckbereich, innerhalb welchem der Speicher arbeitet, in unerwünschter Weise begrenzt wird.

Bei Abb. 107 schwankt der Speicherdruck mit dem Zwischendruck zwischen *6* und *7*. Die vorher genannten Mängel treten hier in verstärktem Maße auf und der Druckbereich des Speichers ist begrenzt. Bei Abb. 108 wird dies dadurch vermieden, daß der Ladedampf einer höheren Stufe entnommen wird als derjenigen, in welche der Entladedampf wieder eintritt. Aufladeventil *14* und die beiden Turbinenventile *11* und *13* werden durch einen gemeinsamen Druckregler *10* betätigt.

Die 3 Abbildungen sollen nur das Wesen der Schaltung und Arbeitsweise von Ruths-Speichern in Verbindung mit Höchstdruckanlagen zeigen. Bei der konstruktiven Durchbildung sind aber eine Reihe von Punkten zu beachten, auf die hier nicht näher eingegangen werden kann. U. a. spielt das Turbinensystem und die Steuerung der Turbine insofern eine Rolle, als hiervon z. B. die Schwankung des Druckes zwischen *6* und *7* abhängt, welche wieder auf die Bemessung des Speichers von großem Einfluß ist.

Auch bei Gegendruckbetrieben, die mit Höchstdruckdampf arbeiten, liegen die Verhältnisse aus ganz ähnlichen Gründen wie den auf S. 87/88 erwähnten für Ruths-Speicher günstiger als bei Frischdampfdrücken von 10 bis 20 at. Eine Verkleinerung der Trommelvolumina vermindert zwar den Kesselpreis bei jedem Dampfdruck. Bei Höchstdruck ist aber der Unterschied zwischen dem Kilogrammpreis der Kesseltrommeln und dem der Ruths-Speicher, sowie zwischen der spezifischen Speicherfähigkeit von 1 m^3 Kesselwasserinhalt und 1 m^3 Wasserinhalt des Ruths-Speichers viel größer und für den Speicher viel günstiger als bei Dampfdrücken von 10 bis 20 at, weil der Ruths-Speicher aus billigen Werkstoffen und mit billigem Verfahren hergestellt werden kann und wegen den auf S. 59 angegebenen Gründen. Auch hier muß sich der Ingenieur von überkommenen Ansichten vielfach freimachen und sich vor Augen halten, daß im Interesse einer guten Gesamtwirtschaftlichkeit alles getan werden sollte, was unter Wahrung zuverlässigen Arbeitens und vollkommener Betriebssicherheit zur Beschränkung der Kosten der Höchstdruckkessel geschehen kann.

Die hohe Sättigungstemperatur von Höchstdruckdampf scheint Speiseraumspeichern günstigere Aussichten zu eröffnen als bei niederen Frischdampfdrücken. Ihre Wirkung beruht bekanntlich darauf, daß während der Schwachlastperioden ein Vorrat heißen Wassers von annähernd Sättigungstemperatur gesammelt wird, der bei Überlast an Stelle des 30—40grädigen Speisewassers in die Kessel gepumpt wird und dadurch eine dem Unterschied der Flüssigkeitswärmen entsprechende Wärmemenge zur zusätzlichen Dampferzeugung freimacht. Infolge des großen Unterschiedes der Flüssigkeitswärmen könnte an sich bei Höchstdruckdampf eine sehr erhebliche Mehrleistung bei Speisung mit hocherhitztem Wasser aus den Kesseln herausgeholt werden. Der Einbau von Speiseraumspeichern stößt aber, wie ich an anderer Stelle gezeigt habe, auch hier in vielen Fällen wegen der Ekonomiser, wegen der verwickelten Regelung und wegen des starken Rückganges der Überhitzung bei Spitzen auf große Schwierigkeiten[1]). Ferner kommen dadurch, daß bald mit heißem, bald mit kaltem Wasser gespeist wird, größere Temperaturunterschiede in die Höchstdruckkessel und können sehr unerwünschte zusätzliche Materialbeanspruchungen hervorrufen. Ekonomiser haben eben heute nicht mehr lediglich die Bedeutung von Wärme sparenden Apparaten, sondern dienen mit dazu, Temperaturunterschiede von den Kesseln fernzuhalten, was um so wichtiger ist, je größer die Dampfdrücke und die spezifischen Heizflächenbelastungen werden. Aus den auf S. 87 genannten Gründen muß man ferner bestrebt sein, möglichst viel Wärme in den spezifisch billigeren Ekonomisern und nicht in den teueren Höchstdruckkesseln zu übertragen. Bei reinen Kraftwerken endlich muß die Speisewasservorwärmung durch abgezapften Turbinendampf aus zwingenden Gründen so hoch wie möglich getrieben werden. Außerdem werden die Speicherbehälter für das heiße Speisewasser bei Höchstdruckanlagen sehr teuer, weil sie sehr hohem Druck ausgesetzt sind. Alles in allem dürften daher Speiseraumspeicher bei Höchstdruckanlagen keine günstigen Aussichten haben.

e) Die Emmet-Zweistoff-Turbine.

1. Die verschiedenen Kreisprozesse[2]).

Der Übergang zu immer höheren Dampfdrücken entspricht der theoretischen, durch unzählige Versuche als richtig bestätigten Erkenntnis, daß der thermische Wirkungsgrad eines Kreisprozesses bzw. der spezifische Wärmeverbrauch einer Kraftmaschine um so günstiger

---

[1]) Münzinger: Amerikanische und deutsche Großdampfkessel S. 153ff.

[2]) Wertvolle Arbeiten hierzu von Hirschfeld und Ellenwood, Wohlenberg und Robinson finden sich im Power vom 4. XII. 1923. Sie sind in diesem Abschnitt z. T. mit verwertet worden.

werden, je höher die Temperatur ist, mit der das Arbeitsmittel in die Maschine eintritt. Man erkennt dies am besten aus dem Temperatur-Entropiediagramm für vollkommene Gase, Abb. 109. Beim Carnotschen Kreisprozeß stellt Fläche $(abcd)$ die geleistete Arbeit, Fläche $(ibcg)$ die insgesamt aufgewendete Wärme, das Verhältnis $\frac{(abcd)}{(ibcg)}$ somit den thermischen Wirkungsgrad dar. Die Arbeitsfläche und damit der thermische Wirkungsgrad können entweder durch Höherrücken von $\overline{bc}$ oder durch Tieferlegen von $\overline{ad}$ vergrößert werden. $\overline{ad}$ ist aber durch den Druck der Atmosphäre bzw. die Temperatur der uns zur Verfügung stehenden Kühlmittel (Luft, Fluß- oder Seewasser) in ganz engen Grenzen festgelegt. Es bleibt daher nur ein Höherrücken von $\overline{bc}$, d. h. der Anfangstemperatur übrig. Hiermit ist aber eine Steigerung des Druckes verbunden, so daß aus konstruktiven und wirtschaftlichen Ursachen bald eine obere Grenze erreicht wird, die nicht überschritten werden kann. Bei Wasserdampf als Arbeitsmittel ändert sich das Temperatur-Entropiediagramm gemäß Abb. 110. Ist beispielsweise $\overline{bc}$ die Wärmezufuhr unter konstanter Temperatur bzw. konstantem Druck, $\overline{cf}$ die adiabatische Expansion, so ist die Arbeitsfläche gleich $(abcf)$, die zugeführte Wärme gleich $(iabcg)$ und der thermische Wirkungsgrad $\frac{(abcf)}{(iabcg)}$. Die Anfangstemperatur kann nun auf zweierlei Art erhöht werden:

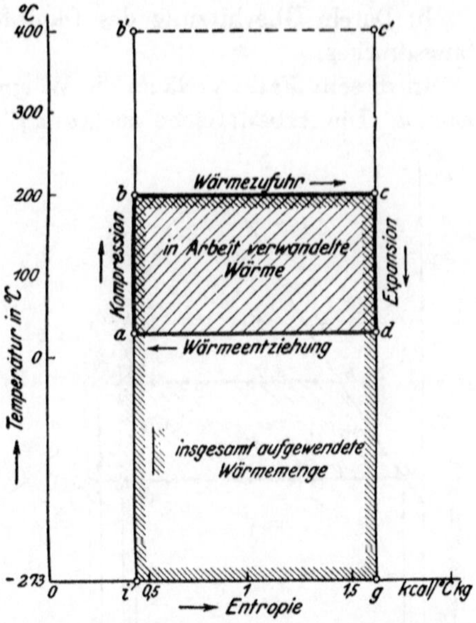

Abb. 109. Darstellung eines idealen Kreisprozesses (Carnot-Prozeß) für 1 kg Gas im Entropie-Temperaturdiagramm. Thermischer Wirkungsgrad $= \frac{\text{in Arbeit verwandelte Wärme}}{\text{insgesamt aufgewendete Wärme}} = \frac{(abcd)}{(ibcg)}$.

Beachte: Durch Höherlegen des Anfangszustandes (bc), d. h. durch Erhöhen der Anfangstemperatur steigt thermischer Wirkungsgrad, weil die Fläche der in Arbeit verwandelten Wärme rascher wächst als die Fläche der insgesamt aufgewendeten Wärme. Hierin beruht die grundsätzliche Bedeutung hoher Anfangstemperaturen bzw. -drücke.

a) Durch Steigerung des Anfangsdruckes.

Die Wärmezufuhr unter konstantem Druck verläuft dann z. B. nach

$\overline{b'c'}$ und der thermische Wirkungsgrad ist gleich $\frac{(a\,b'\,c'\,f')}{(i\,a\,b'\,c'\,g')}$. Der Temperaturerhöhung von $\overline{b\,c}$ nach $\overline{b'c'}$ entspricht eine bestimmte Druckerhöhung, die bei einer Erhöhung von 200° C auf 300° C z. B. rund 70 at ausmacht.

b) Durch Überhitzung des Dampfes unter Beibehaltung des Anfangsdruckes.

In diesem Falle verläuft die Wärmezufuhr vom Sättigungspunkt c nach d. Die Arbeitsfläche ist $(a\,b\,c\,d\,f'')$, der thermische Wirkungsgrad $\frac{(a\,b\,c\,d\,f'')}{(i\,a\,b\,c\,d\,g'')}$.

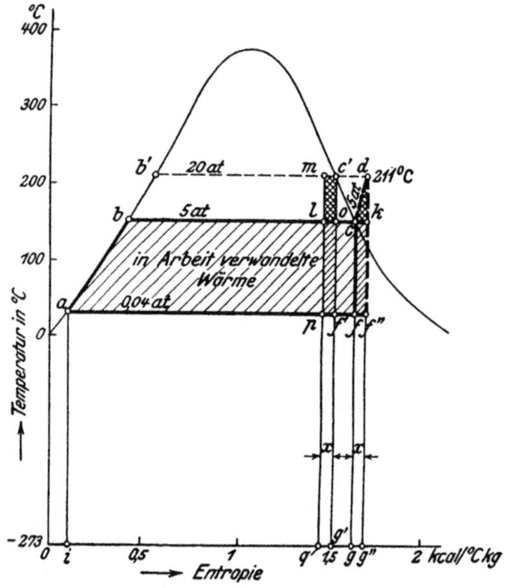

Abb. 110. Darstellung verschiedenartig durchgeführter Rankine-Prozesse für 1 kg Wasserdampf im Entropie-Temperaturdiagramm.

Durch Vergrößerung der Wärmezufuhr um den Streifen $g\,c\,d\,g''$ von der Breite x wurde an Arbeit das Rechteck $f\,c\,k\,f''$ und das dreieckige Flächenteilchen $c\,d\,k$ hinzugewonnen. Durch einen Streifen von gleicher Breite wird bei derselben Temperaturerhöhung aber bei Arbeiten mit nicht überhitztem Dampf außer einer der Fläche $(f\,c\,k\,f'')$ an Größe gleichen Fläche $(p\,l\,o\,f')$ noch das viereckige Stückchen $l\,m\,c'\,o$ an Mehrarbeit herausgeholt. Man sieht, daß in diesem Falle der verhältnismäßige Mehrgewinn an Arbeit größer ist als bei Überhitzung. In den vorhergehenden Kapiteln ist gezeigt worden, daß der thermische Gewinn durch Erhöhung des Arbeitsdruckes zum Teil von den Mehrkosten infolge der schwerer werdenden Maschinen wieder aufgezehrt wird. Hauptsächlich aus diesem Grunde und infolge einer im Entropiediagramm nicht zum Ausdruck kommenden Verbesserung des Gütegrades der Turbinen bei Verwendung überhitzten Dampfes wandte man zwar immer höhere Überhitzungen an, blieb aber bei Frischdampfdrücken von 20 bis 25 at. Einer Dampftemperatur von 375° C, wie sie heute in vielen Kraftwerken benutzt wird, würde ja, wenn man mit gesättigtem Dampf arbeiten wollte, ein Druck von etwa 225 at entsprechen. Die Verwendung von überhitztem Dampf ist also bis zu einem gewissen

Grade nichts anderes als der Versuch, sich die Vorteile hoher Temperaturen nutzbar zu machen, ohne allzu hohe Drücke in Kauf nehmen zu müssen.

Eine weitere Verbesserung des Kreisprozesses ohne Steigerung des Anfangsdruckes wäre auch dadurch möglich, daß man von *d* an den ersten Teil der Expansion unter konstanter Temperatur durchführt, Abb. 111, etwa nach Linie *dd'*. Dadurch wird die Arbeitsfläche $= (abcdd'f')$ und der thermische Wirkungsgrad $\frac{(abcdd'f')}{(iabcdd'g')}$. Bisher ist aber keine Möglichkeit zu erkennen, wie dieser Prozeß praktisch durchgeführt werden soll. Er stellt den Grenzfall dar für eine in sehr viel Stufen durchgeführte Zwischenüberhitzung des Arbeitsdampfes während des ersten Teiles (dd') der gesamten Expansion $(dd'f')$.

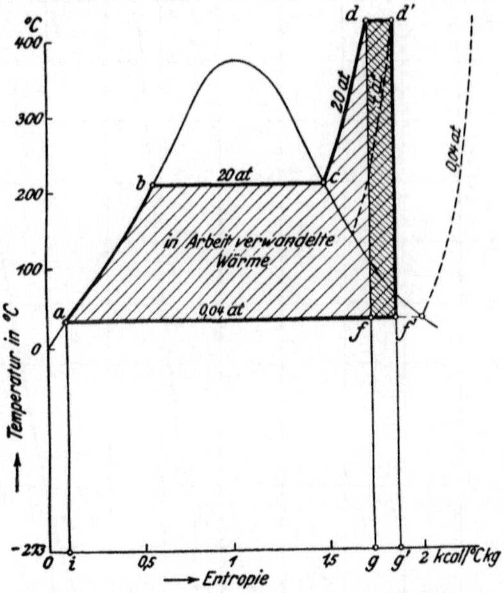

Abb. 111. Rankine-Prozeß mit teilweiser Expansion unter konstanter Temperatur für 1 kg Wasserdampf im Entropie-Temperaturdiagramm.

 = In Arbeit verwandelte Wärmemenge bei Expansion von *d'* aus.

 = Zusätzlicher Arbeitsgewinn durch Wärmezufuhr unter konstanter Temperatur während des ersten Teiles (*dd'*) der Expansion.

d = Erreichen der Anfangstemperatur (425° C).

d' = Aufhören der Wärmezufuhr während der Expansion.

dd'f' = Verlauf der Expansion.

Ferner wurde vorgeschlagen, statt durch Zwischenüberhitzung den Wärmeverbrauch dadurch zu verbessern, daß die während der Expansion sich bildende Dampfnässe dem Dampf entzogen und zum Vorwärmen des Kondensates benutzt wird. Auch hier ist bisher keine praktische Lösung angegeben worden[1]).

Ein großer Teil der Vorschläge für die Verbesserung des thermischen Wirkungsgrades läuft also darauf hinaus, die Anfangstemperatur ohne gleichzeitige Erhöhung des Anfangsdruckes zu steigern. Da man aber bei Wasser als Arbeitsmittel wegen Schwierigkeiten mit den Baustoffen auf höhere Dampftemperaturen als 400 bis 450° C nicht gehen kann, war man schließlich genötigt, den Druck über die bisher üblichen

[1]) Power 1923, S. 893 ff.

Spannungen hinaus zu steigern und ist, wie wir gesehen haben, heute dabei, Dampfdrücke von 50 bis 100 at in Anwendung zu bringen. Der Übergang zu noch höheren Sättigungstemperaturen unter Verzicht auf Überhitzung scheitert also vor allem an

1. dem außerordentlich hohen Dampfdruck und den nicht mehr tragbaren Kosten der Kessel samt Zubehör,

2. dem sehr großen Kraftbedarf der Speisepumpen,

3. dem Umstand, daß der Dampf während der Expansion ohne wiederholte Zwischenüberhitzung sehr naß werden und infolgedessen den Wirkungsgrad verschlechtern und wichtigen Maschinenteilen schaden würde.

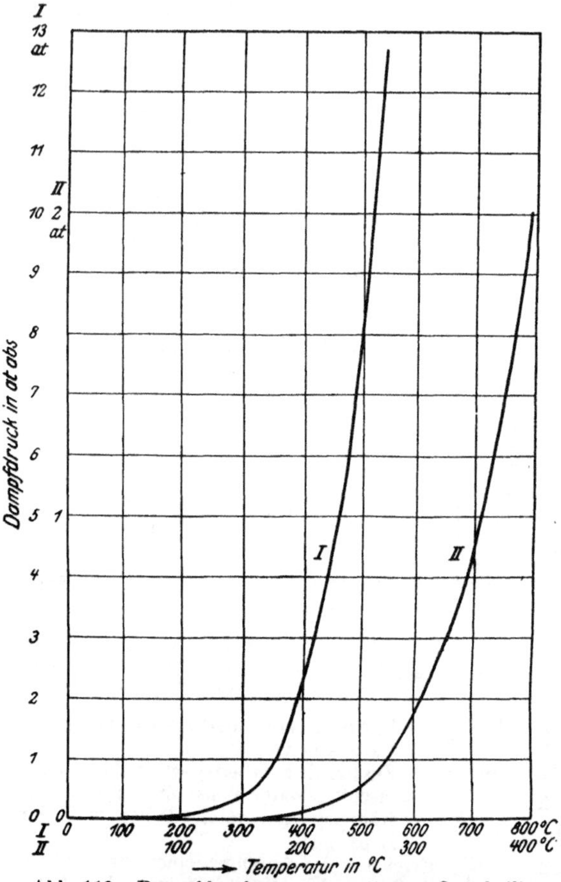

Abb. 112. Dampfdruck von gesättigtem Quecksilberdampf für Temperaturen bis 800° C [1]).

Es ist in diesem Zusammenhange von außerordentlichem Reize, aus der klassischen, von Eugen Meyer im Jahre 1897 für Gasmaschinen angestellten Untersuchung: „Die Beurteilung der Kreisprozesse von Wärmekraftmaschinen", zu sehen, wie eine vor einem halben Menschenalter für ganz andere Verhältnisse geschriebene Arbeit plötzlich wieder zu aktueller Bedeutung kommen kann [2]).

Emmet hat nun das Problem, den Wirkungsgrad von Dampfkraftmaschinen zu verbessern, in der Weise angefaßt, daß er im Bereich hoher Temperaturen einen Körper in den Prozeß einführte, dessen Dampfdruck bei sehr hohen Temperaturen weit niederer ist als bei Wasserdampf, nämlich das Quecksilber [3]). Wie Abb. 112 zeigt, beträgt er

[1]) Power 1923, S. 878. [2]) Z. V. d. I. 1897, S. 1108.

[3]) Power 1923, S. 876 u. 891.

nur einen kleinen Bruchteil des Dampfdruckes von Wasser. Beim Verfahren von Emmet beheizen die Feuergase zuerst einen mit Quecksilber gefüllten Kessel und erzeugen gesättigten Hg-Dampf von rund 3,15 at/abs und 425° C, der in einer einstufigen Turbine Arbeit leistet und unter einem Druck von rund 0,032 at, entsprechend einer Sättigungstemperatur von rund 212° C, niedergeschlagen wird. Als Kühlmittel dient Wasser, das verdampft wird und nun in bekannter Weise in einer besonderen Turbine Arbeit verrichtet. Abb. 113 zeigt den ungefähren Verlauf des theoretischen Kreisprozesses im Entropiediagramm, in welchem aus Zweckmäßigkeitsgründen die Entropie für 1 kg Wasser und für 10 kg Quecksilber eingetragen wurde, obgleich tatsächlich das Verhältnis zwischen den Gewichten des arbeitenden Wasserdampfes und des arbeitenden Hg-Dampfes ein etwas anderes ist. Es hängt u. a. davon ab, ob die Wärmezufuhr an das Wasser lediglich durch den kondensierten Quecksilberdampf oder auch noch unmittelbar durch Rauchgase erfolgt. Meist wird das letztere der Fall sein. Im Entropiediagramm in Abb. 113 ist vorausgesetzt, daß der kondensierte Quecksilberdampf mit dem Zustand *2* wieder in den Arbeitsprozeß eintritt. Die zur Erzeugung des Quecksilberdampfes benötigte Wärme ist dann gleich Fläche (*123457*) und seine Arbeitsleistung gleich Fläche (*23456*) In Abb. 113 ist ferner angenommen, daß das Kondensat des Wasserdampfes, welches mit dem Zustand *b* wieder den Kreislauf beginnt, von Temperatur *b* auf Temperatur *i* in einem durch die Rauchgase beheizten Ekonomiser erwärmt wird. Die entsprechende Wärmezufuhr durch die Rauchgase beträgt (*abih*). Ferner ist angenommen, daß der trocken gesättigte Wasserdampf vom Zustand *d* auf den Zustand *e* in einem gleichfalls durch die Rauchgase beheizten Überhitzer gebracht wird. Die von den Rauchgasen an das Wasser unmittelbar übergeführte Wärme ist gleich den beiden horizontal schraffierten Flächen (*abih*) + (*kdeg*) in Abb. 113, somit ist die vom kondensierten Quecksilberdampf an das Wasser abgegebene Wärmemenge (*1267*) gleich der restlichen vom Wasser aufgenommenen Wärme (*hicdk*). Durch diese Beziehung wird das Verhältnis zwischen dem arbeitenden Quecksilbergewicht und dem arbeitenden Wassergewicht bestimmt. Es soll im allgemeinen zwischen *8* und *10* liegen.

Der theoretische thermische Wirkungsgrad des kombinierten Prozesses ist gleich

$$\frac{(23456) + (bcdef)}{(123457) + (abih) + (kdeg)}.$$

Er soll um etwa 37 v. H. höher sein als bei einer mit Wasserdampf von 24,5 at und 370° C arbeitenden Anlage. Der höchste Druck des Quecksilbers liegt weit unterhalb den heute üblichen Dampfdrücken,

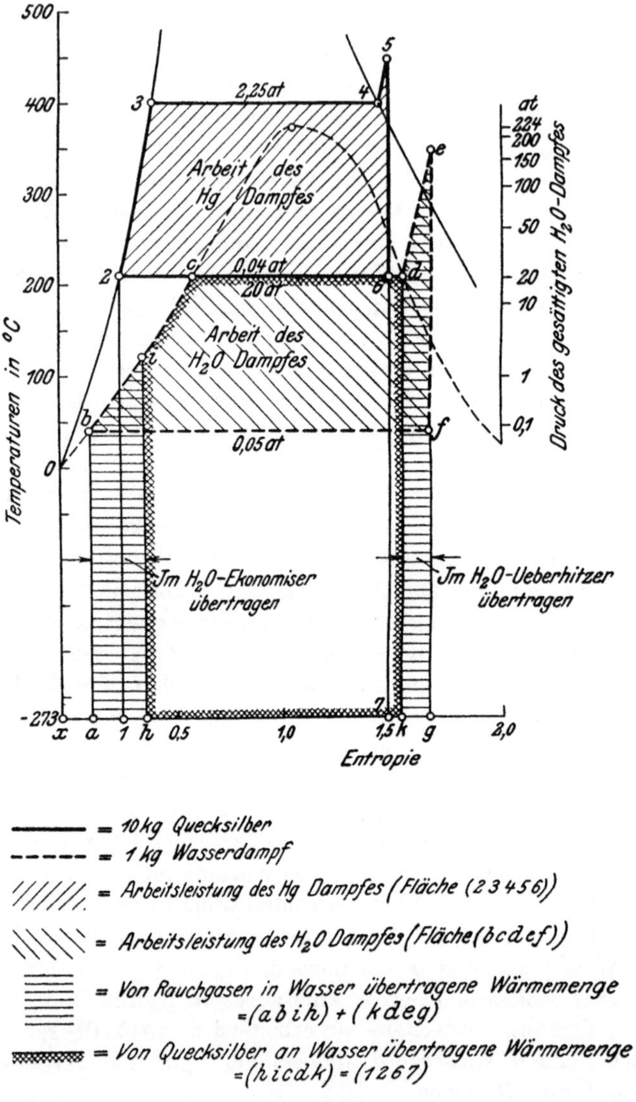

Abb. 113. Darstellung des Emmet-Verfahrens im Entropie-Temperaturdiagramm. Anfangszustand der arbeitenden Medien:

Quecksilber = 2,25 at abs.; 450° C,
Wasser = 20 at abs.; 350° C.

die Temperaturgrenzen sind aber ebenso weite wie bei Höchstdruckdampf, ohne daß es besonders schwerer und teurer Maschinen bedürfen würde. Abb. 119 u. 120 enthalten einige weitere wichtige Größen für Quecksilber.

Versuche mit Zweistoffturbinen wurden unter der Leitung von Emmet von der General Electric Co. in Schenectady bereits im Jahre 1914 begonnen. Das für die Erzeugung von 1 kW Gesamtleistung erforderliche Quecksilbergewicht soll 3,2 kg betragen haben, es wird gehofft, diesen Wert auf rd. 1,6 kg herabdrücken zu können[1]). Abb. 114 u. 115 zeigt einen Schnitt durch die im Dutch Point-Kraftwerk der Hartford Electric Co. seit längerer Zeit im Betriebe befindliche Anlage. Der in Abb. 114 dargestellte Kessel ist der fünfzehnte Versuchskessel. Grundsätzlich wichtig ist es, daß die erforderliche Quecksilbermenge möglichst klein wird, daß das Austreten von Quecksilberdämpfen und das Eindringen von Luft, welche das Quecksilber oxydieren würde, unbedingt vermieden werden und daß der Kessel sich völlig frei und ungehindert ausdehnen kann. Daher wurden sämtliche Verbindungen, auch solche durch Schrauben, geschweißt. Die einzige Stopfbuchse, nämlich die der Turbine, wird durch Leuchtgas gedichtet. Auch wenn die Anlage stillgesetzt wird, dient Leuchtgas als Füllmittel, um Eindringen von Luft sicher zu verhindern. Der Quecksilberkessel besteht aus im obersten Teile runden, darunter sechskantigen Eisenrohren, die an ihrem untersten Ende einen sanft zunehmenden Querschnitt haben und unten miteinander verschweißt sind. Nur ihre oberen Enden werden von einer durchgehenden Platte gehalten. Auf diese Weise ist es gelungen, mit verhältnismäßig kleinem Quecksilbergewicht auszukommen. Da der Druck nur etwas mehr als 3 at abs ist, wird der Kessel sehr leicht. Die Rauchgase durchströmen die als Rauchrohre ausgebildeten Sechskantrohre, ziehen dann durch einen Vorwärmer für das Quecksilber und gelangen endlich in den Überhitzer für den Wasserdampf und den Vorwärmer für das Speisewasser. Abb. 116 bis 118 wurden auf Grund einer Photographie des Versuchskessels entworfen und dürften voraussichtlich der tatsächlichen Ausführung des Hg-Kessels ziemlich nahe kommen. Bemerkenswert ist die geschickte Art, in welcher die Fallrohre für das Quecksilber ausgeführt wurden. Der Kondensator ist als Dampfkessel ausgebildet. Er besteht aus einseitig eingeschweißten Rohren, die aber am unteren Ende nicht miteinander verbunden sind. Die Turbine hat eine Stufe mit Schaufeln aus Werkzeugstahl, um sie gegen die abnutzende Wirkung des Quecksilberdampfes unempfindlicher zu machen.

Es wird berichtet, daß das Quecksilber auf die Laufschaufeln ähnlich wie ein Sandstrahlgebläse gewirkt habe, sobald der Quecksilberdampf merklich feucht war. Deshalb dürfte es in noch höherem Maße als bei Wasserdampf nötig sein, den Quecksilberdampf zu überhitzen. Ferner soll es sehr schwer gewesen sein, Gußeisengehäuse für die Turbine von einer gegen das allmähliche Durchdringen von Quecksilber genügend

[1]) Wertvolle theoretische Angaben über Quecksilberdampf finden sich im Engineering 1923, S. 663.

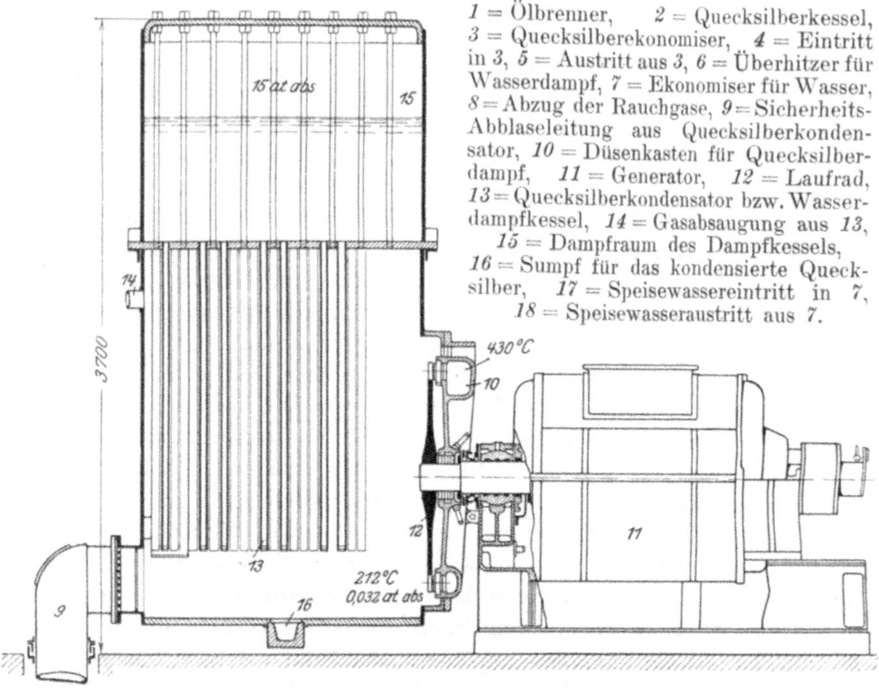

1 = Ölbrenner, *2* = Quecksilberkessel, *3* = Quecksilberekonomiser, *4* = Eintritt in *3*, *5* = Austritt aus *3*, *6* = Überhitzer für Wasserdampf, *7* = Ekonomiser für Wasser, *8* = Abzug der Rauchgase, *9* = Sicherheits-Abblaseleitung aus Quecksilberkondensator, *10* = Düsenkasten für Quecksilberdampf, *11* = Generator, *12* = Laufrad, *13* = Quecksilberkondensator bzw. Wasserdampfkessel, *14* = Gasabsaugung aus *13*, *15* = Dampfraum des Dampfkessels, *16* = Sumpf für das kondensierte Quecksilber, *17* = Speisewassereintritt in *7*, *18* = Speisewasseraustritt aus *7*.

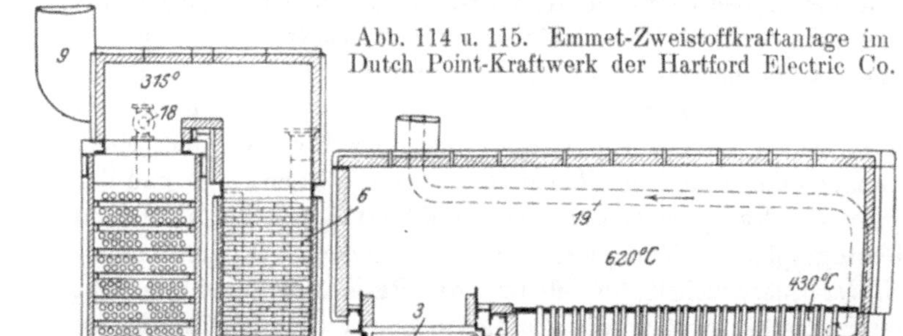

Abb. 114 u. 115. Emmet-Zweistoffkraftanlage im Dutch Point-Kraftwerk der Hartford Electric Co.

dichten Struktur zu bekommen. Aus dem Kondensator, der höher liegt als der Quecksilberkessel, kehrt das Quecksilber durch seine eigene Schwere in den Quecksilberkessel zurück. Eine besondere Speisepumpe ist also nicht nötig. Die Anlage ist lediglich als Versuchsanlage gebaut, was u. a. darin zum Ausdruck kommt, daß die Kessel nicht zugänglich sind und daß mit Rücksicht auf den vorhandenen Dampfdruck des Kraftwerkes, in dessen Rohrleitung der vom kondensierenden Quecksilber erzeugte Wasserdampf geschickt wird, die Hg-Turbine nicht mit dem günstigsten Gegendruck arbeiten kann. Es wird aber damit gerechnet, daß Zweistoffanlagen in kurzer Zeit marktfähig hergestellt werden können.

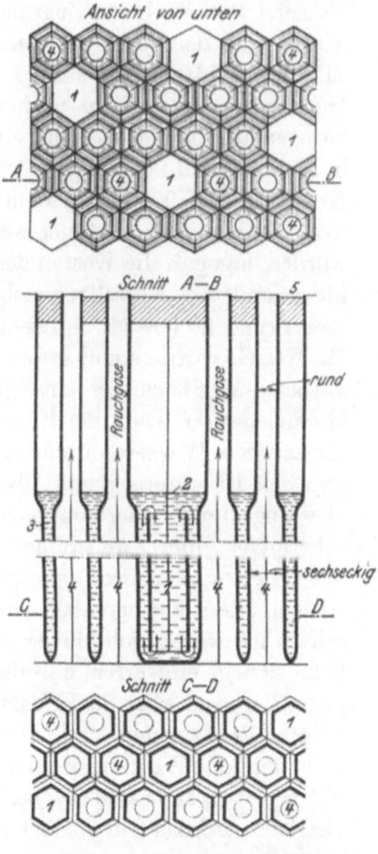

Abb. 116 bis 118. Voraussichtliche Ausführung d. Emmet-Quecksilberkessels der Zweistoffkraftanlage bei der Hartford Electric Co. *1* = Bodenplatte der „Fallrohre", *2* = Spiegeloberfläche des Quecksilbers, *3* = „Steigrohre", *4* = Durchlaß für Rauchgase, *5* = Deckplatte.

2. Thermisches Verhalten der Zweistoffturbine.

Die Anlage in Hartford wurde oft mit 1500 kW belastet, ist aber für 1900 kW entworfen. Der Quecksilberkessel enthält etwa 13600 kg Hg, d. h. rund 1 cbm von 0° C. Er verdampft stündlich rund 105000 kg Hg, d. h. etwa das Achtfache seines Inhaltes im Gegensatz zu Wasserrohrkesseln, wo die stündliche Dampfleistung nur $^1/_5$ bis $^1/_2$ des Wasserinhaltes ausmacht. Bei 97 v. H. Vakuum leistet die Quecksilberturbine 1900 kW, ihr Abdampf erzeugt 12700 kg Dampf von 14 at und rund 250° C entsprechend einer Leistung von rund 2400 kW. Der Kessel soll wenig Schwierigkeiten gemacht haben, wohl aber die gasgedichtete Turbinenstopfbuchse. Als Wärmeverbrauch werden 2770 kcal/KWh angegeben. Er ist ungefähr ebenso hoch wie bei einer mit Wasserdampf von 100 at, 400° C arbeitenden, mit Zwischenüberhitzung und Anzapfung ausgerüsteten Turbinenanlage, Abb. 91. Doch ist nicht gesagt, ob hierin die Verluste im Kessel und der Kraftbedarf der Hilfsmaschinen eingeschlossen sind.

Die rein theoretischen Aussichten sind also sehr günstige.

Wegen des niederen Druckes wird der Hg-Kessel verhältnismäßig leicht werden. Die Kosten des Quecksilbers fallen aber um so schwerer ins Gewicht. Im Jahre 1914 betrug der günstigste Mindestpreis von 1 kg Hg rund 4,50 M. Unter Zugrundelegen der Werte der Anlage in Hartford würde somit das für eine Leistung von rund 4300 kW erforderliche Quecksilber rund 56 000 M. kosten. Könnte also bei Großanlagen der spezifische Quecksilbervorrat nicht noch wesentlich verkleinert werden, so würde, bezogen auf die kW-Leistung eines 100 at-Kessels der für die Preiskurven in Abb. 86 und 90 gültigen Größe, allein die Hg-Füllung ohne den Hg-Kessel rund 70 000 M. verschlingen. Rost, Saugzuganlage, Einmauerung usw. werden etwa so teuer werden wie beim 100 at-Kessel. Wegfallen würden dagegen die Kosten der Siede- und Verbindungsrohre, der Überhitzer und der Kesseltrommeln in Abb. 86, die beim teuren Sektionalkessel rund 80 000 M. betragen. Allein die Füllung eines gleichwertigen Hg-Kessels würde somit etwa $^9/_{10}$ soviel kosten wie der eigentliche Kesselkörper und Überhitzer eines 100 at-Sektionalkessels für Wasserdampf. Hierzu kämen aber die Kosten für den Quecksilbervorwärmer- und -kessel, den Wasserdampfkessel, der gleichzeitig als Kondensator dient, und den Ekonomiser und Überhitzer für Wasserdampf. Dafür würden allerdings der Wasserdampfkondensator und der Wasserekonomiser und -überhitzer einer Zweistoffanlage wieder nur rund halb so teuer werden wie bei einer thermisch etwa gleichwertigen 100 at-Wasserdampfanlage. Alles in allem können aber die Anlagekosten eines Zweistoffkraftwerkes schwerlich wesentlich billiger sein als die einer Höchstdruckanlage. Nun ließe sich ja einwerfen, daß das Quecksilber wie Kupfer hohen Altwert hat. Hier muß aber die Erfahrung erst noch lehren, ob es sich bei jahrelangem Verdampfen und Wiederkondensieren nicht verändert, ob es nicht ähnliche Wirkungen auf die Baustoffe von Kessel und Maschinen ausübt wie etwa Luft und CO_2 bei Wasserdampfkesseln. Bei durchgehendem Betriebe wird das Quecksilber jährlich 60 bis 70 000 mal verdampft. Hierzu tritt noch insofern ein erschwerender Umstand, als die Sättigungstemperatur des Quecksilbers mit zunehmendem Druck sehr schnell steigt, Abb. 112. Liegt z. B. der tiefste Teil des beheizten Quecksilbers auch nur 1,5 m tiefer als der Quecksilberspiegel, so herrscht dort ein Druck von rund 5 at/abs und die Quecksilbertemperatur kann bis rund 500° C steigen. Bei dieser Temperatur fängt aber Eisen bereits an, im Dunkeln zu glühen. Ob bei so hohen Temperaturen das zum Teil dampfförmige Quecksilber dauernd neutral gegen die Eisenwandungen der Heizrohre bleibt, dürfte immerhin zweifelhaft erscheinen.

Die derzeitige Quecksilber-Produktion der ganzen Erde würde selbst für einen beschränkten Ersatz normaler Anlagen durch Emmet-Anlagen nicht entfernt ausreichen. Es ist daher die Befürchtung ausgesprochen worden, daß bei ihrer weiteren Einführung der Quecksilberpreis schnell in die Höhe getrieben werden würde. Bestehen aber überhaupt genügend große, abbauwürdige Quecksilbererzvorkommen, so würde nach Ansicht des Verfassers die Maschinenindustrie schließlich für einen auskömmlichen Quecksilberpreis Sorge tragen können, wenn nur das Emmet-Verfahren an sich betriebssicher und wirtschaftlich ist.

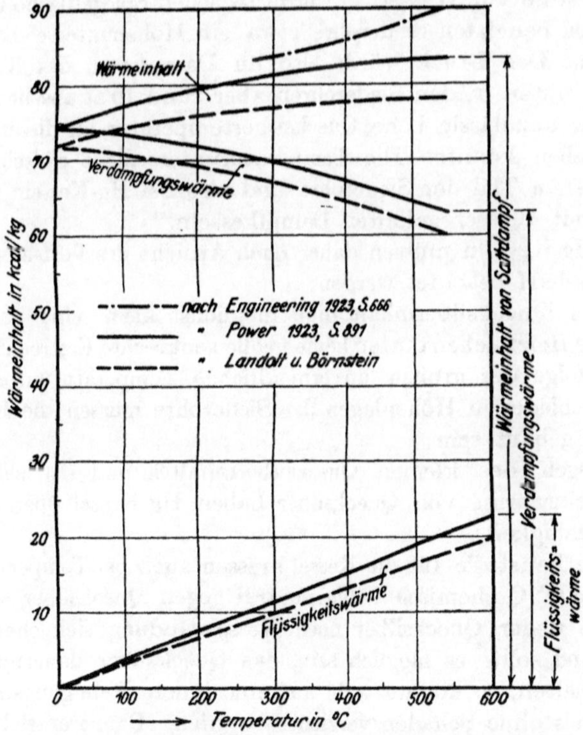

Abb. 119. Kennzeichnende Werte von Quecksilberdampf.

3. Dampfkessel für Quecksilber.

Wenngleich über den Bau von Dampfkesseln für Quecksilber bisher aus erklärlichen Gründen so gut wie nichts bekannt geworden ist, so soll hier doch auf Grund von physikalischen und allgemein technischen Überlegungen versucht werden, einige hierfür wichtige Gesichtspunkte und Richtlinien abzuleiten.

Trotz seiner eleganten, äußerst geschickten Konstruktion dürfte m. E. der Emmet-Kessel nach Abb. 114 u. 118 für den praktischen Betrieb kaum geeignet sein, weil die sehr zahlreichen Schweißstellen an den unteren Enden der Rohre schwerlich der Hitze eines tadellos bedienten Rostes ausgesetzt werden dürfen. Auch die innere Zugänglichkeit des Kessels und andere Umstände dürften den Anforderungen des praktischen Betriebes kaum genügen. Infolge der schnellen Zunahme des Druckes mit der Sättigungstemperatur entstehen bei Quecksilberkesseln recht eigenartige Verhältnisse, sobald die Heizfläche eine auch nur mäßige, senkrechte Erstreckung hat. Würden z. B. Kessel ähnlicher Bauart und Abmessungen verwendet werden wie Steilrohrkessel für Wasser, so würde zwischen Spiegelfläche und tiefster Stelle der beheizten Siederohre etwa ein Höhenunterschied von 5 m bestehen. Der Druck würde also im Dampfraum des Kessels rund 3 at abs, unten in den Siederohren aber rund 10 at abs betragen, was eine ganz unzulässig hohe Quecksilbertemperatur an dieser Stelle zur Folge haben könnte. Die Temperaturunterschiede zwischen oberem und unterem Teil der Siederohre sind also bei Hg-Kesseln viel größer als bei mit Wasser gefüllten Dampfkesseln.

Bei Hg-Kesseln müssen daher nach Ansicht des Verfassers folgende Punkte scharf beachtet werden:

1. Der Quecksilberinhalt muß möglichst klein sein;

2. die Heizflächen dürfen keine große senkrechte Erstreckung haben;

3. infolge der großen unvermeidlichen Temperaturunterschiede in den verschiedenen Höhenlagen der Siederohre müssen die Kessel sehr elastisch gebaut sein;

4. wegen des kleinen Quecksilberinhaltes und der sehr kleinen Flüssigkeitswärme von Quecksilber haben Hg-Kessel überaus geringe Speicherfähigkeit;

5. die Baustoffe für die Kessel müssen auch bei Temperaturen von 400 bis 500° C chemisch völlig neutral gegen Quecksilber sein.

Sollte weder Quecksilber noch Kesselwandung sich chemisch verändern und sollte es möglich sein, das Quecksilber dauernd chemisch rein zu halten, so könnte wohl auf eine innere Reinigungsmöglichkeit des Kessels ohne Schaden verzichtet werden. Damit entfiele aber der Zwang, die Rohrheizfläche als Siederohre und nicht als Rauchrohre auszuführen, immer vorausgesetzt, daß es gelingt, die Verbindungen der Rohre miteinander oder die Lage der Verbindungsstellen so zu gestalten, daß sie unmittelbare Bestrahlung durch die größte Hitze gut vertragen. Dafür, daß letzterer Vorbehalt berechtigt ist, spricht u. a. die Bemerkung im Power, daß in Zukunft die Kessel nicht mehr als Rauchrohr-, sondern als V-förmige Wasserrohrkessel mit 2 Untertrommeln gebaut werden sollen.

Wählt man aber Siederohre, so wird man wohl Rohre von sehr kleinem Durchmesser nehmen müssen, damit das Verhältnis Heizfläche : Inhalt möglichst groß und die erforderliche Quecksilberfüllung recht klein wird. In diesem Falle sind aber sehr hohe Reibungsverluste zu befürchten, wodurch der Umlauf des Quecksilbers ungenügend werden könnte. Obgleich also der Kesseldruck im Vergleich zu dem bei Wasserdampf nur gering ist, so daß voraussichtlich Quecksilberkessel mit sehr leichtem Gewicht gebaut werden können, dürfte es doch nicht einfach sein, eine Konstruktion für sie zu finden, die den besonderen Anforderungen gerecht wird.

Aus ähnlichen Gründen kann der „Quecksilberumlauf" nicht nach dem für den Wasserumlauf abgeleiteten Berechnungsverfahren ermittelt werden, weil der Druck und das spezifische Volumen des Quecksilberdampfes sich außerordentlich viel stärker mit seiner Standhöhe ändern als bei Wasser. In weiterem Gegensatz zu Wasser dürfte ferner in den Siederohren eine sehr beträchtliche Wärmeübertragung durch die Quecksilbersäule hindurch in senkrechter Erstreckung nach oben erfolgen.

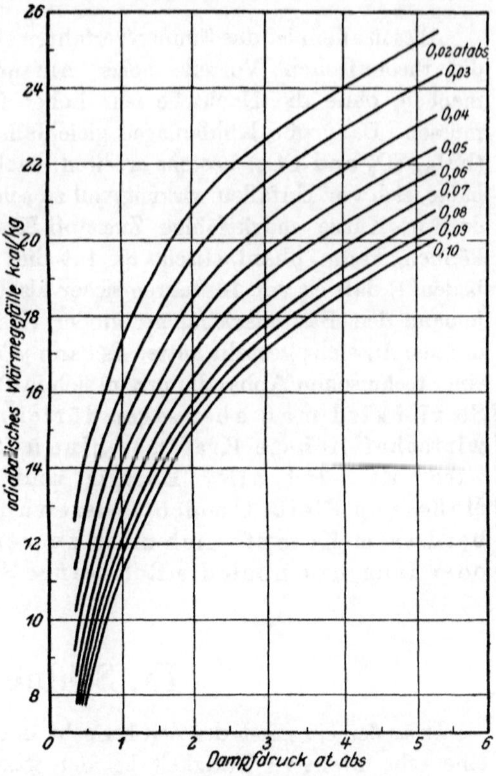

Abb. 120. Adiabatisches Wärmegefälle von gesättigtem Quecksilberdampf bei verschiedenen Frischdampf- und Gegendrücken[1]).

Man darf endlich nicht übersehen, daß bei großen Anlagen, wo mehrere Hg-Kessel und -turbinen parallel arbeiten, die Verhältnisse voraussichtlich schwieriger werden als bei der Anlage in Hartford, weil dann zahlreiche Ablaßventile, Regelorgane usw. kaum vermeidbar sind. Solange freilich die Hg-Anlage störungsfrei funktioniert, ist sie einer mit Wasserdampf arbeitenden Anlage insofern überlegen, als keine inneren Verschmutzungen auftreten und als ein Ersatz des Arbeitsmittels, seine Reinigung usw. völlig wegfallen. Bei einer Störung, wie z. B. dem Platzen eines Siederohres, das bei Wasserdampf fast stets harmlos verläuft, wäre infolge der sehr giftigen Hg-Dämpfe das Bedienungspersonal gefährdet und ein erheblicher finanzieller Verlust durch das ausgelaufene Quecksilber oft nicht vermeidbar. Außerdem müßten dann schnell Abschaltungen und andere Maßnahmen getroffen werden,

[1]) Power 1923, S. 878.

die bedenklich sind, weil sie wohl nur sehr selten vorkommen und deshalb und infolge der ungewohnten Natur des Betriebsmittels leicht zu verhängnisvollen Irrtümern und Folgen führen könnten.

Die Empfindlichkeit einer Zweistoffanlage gegen Spitzen dürfte größer sein als bei Wasserdampf-Sektionalkesseln. Wärmespeicher wären daher voraussichtlich hier unbedingt nötig.

Alles in allem ist das Emmet-Verfahren ein sehr interessanter Versuch, die theoretischen Vorteile hoher Anfangstemperaturen nutzbar zu machen, ohne die Nachteile sehr hoher Drücke in Kauf nehmen zu müssen. Da große Kühlanlagen gleichfalls mit giftigen Arbeitsmitteln (NH_2, SO_2 und CO_2) bestens arbeiten, nachdem man es einmal gelernt hatte, sich vor Unfällen wirkungsvoll zu schützen, klingt die Mitteilung, daß in Kürze marktfähige Zweistoff-Kraftanlagen geliefert werden können, kaum phantastisch. Sie tut dies um so weniger, wenn man bedenkt, daß es vor 10 Jahren sicher als Utopie gegolten hätte, wenn jemand den Bau marktfähiger großer Kraftanlagen für 60 bis 100 at in nahe Aussicht gestellt hätte. Es kann ja schließlich nicht die Aufgabe einer technischen Abhandlung sein, sich in Prophezeihungen zu verlieren. So viel wird man aber sagen dürfen, daß der Kampf um die wirtschaftlichste Kraftmaschine äußerst erbittert bleiben wird. Es wird aller Energie und eines ungewöhnlichen Maßes von Fleiß, Umsicht, Wissen und Können bedürfen, um bei diesem Kampfe sich nicht zu verbluten oder über kurz oder lang nur noch die Rolle eines Satelliten zu spielen.

IX. Schluß.

Trotz der Ungunst der Zeit herrscht in der deutschen Ingenieurwelt eine sehr intensive Tätigkeit bei der wissenschaftlichen und technischen Entwicklung von Höchstdruckdampfanlagen. Um aber zu praktischen Erfolgen zu kommen, ist es unerläßlich, daß sich weitblickende Besitzer oder Leiter von Wärmekraftwerken finden, die durch Bestellung von Höchstdruckanlagen den Boden bereiten helfen, auf dem die Pflanze des technischen Fortschrittes allein gedeihen kann. Aufträge auf Höchstdruckmaschinen sind Pionierarbeit im besten Sinne des Wortes.

Ich kann daher diese Ausführungen mit fast denselben Worten schließen, die ich aus anderem Anlasse auf der Hauptversammlung der Vereinigung der Elektrizitätswerke im Jahre 1921 gesprochen habe:

„Es könnte für die deutschen Maschinenfabriken und die Kraft und Wärme erzeugenden und verbrauchenden Werke leicht ein schwer wieder gutzumachender Schaden entstehen, wenn infolge ängstlicher Passivität das Ausland erst einmal einen entscheidenden Vorsprung hätte.

Erbauer und Verbraucher von Maschinen werden daher in Zukunft wohl viel enger als bisher zusammenarbeiten und sich mehr mit dem Gedanken vertraut machen müssen, daß die einzelnen Zweige der Wirtschaft eines Volkes Glieder desselben Körpers sind, der um so stärker und gesünder wird, je mehr sich seine Glieder gegenseitig unterstützen und helfen. Die Maschinenfabriken können das Risiko bis zur fertigen Durchbildung hochwertiger Konstruktionen schwerlich allein tragen, sondern bedürfen weitgehender Unterstützung aller an ihrer Entwicklung interessierten Kreise.

Von seiten der Verbraucher kommt aktive und passive Mitarbeit in Frage. Aktive, indem sie den Firmen Gelegenheit zur Erprobung ihrer Konstruktionen geben. Hierbei dürfte es sich für beide Teile empfehlen, mit einer gewissen Einheitlichkeit vorzugehen, damit nicht an mehreren Stellen gleichzeitig dieselben Versuche und dieselben nie ganz vermeidbaren Fehlschläge gemacht werden.

Passive Mitarbeit ist nicht weniger wichtig. Ich meine damit, daß bei Schwierigkeiten, die auch der sorgsamsten Firma auf einem so neuartigen und schwierigen Gebiete selten ganz erspart bleiben werden, Entgegenkommen und etwas Geduld erwiesen und nicht gleich die Ultima ratio gezogen wird."

Dieser Gedanke der Zusammenarbeit von Erzeuger und Verbraucher von Maschinen, der natürlich nicht so aufzufassen ist, als ob dadurch etwa der Wettbewerb zwischen den Firmen aufhören und statt seiner eine lediglich auf das Verteilen von Aufträgen ausgehende, beschauliche Ära angestrebt werden soll, mag heute als Utopie erscheinen. Nach meiner Überzeugung wird es aber nicht mehr lange dauern, bis er greifbare Gestalt erhält und selbstverständliches Allgemeingut wird. Ohne das technische Experiment im großen ist eine rasche Weiterentwicklung bei dem heutigen Ausmaß der Wärmetechnik kaum mehr möglich. Die Kosten solcher Experimente sind aber so außerordentliche, daß sie von einer einzigen Firma allein schwerlich noch getragen werden können. Der Abnehmer von Großanlagen wird sich daher wahrscheinlich mehr als bisher dazu verstehen müssen, auch am Risiko teilzunehmen. In gewissem Maße geschieht dies ja auf anderen Gebieten auch schon heute, so z. B. in der chemischen Großindustrie. Vielleicht das erste und prägnanteste Beispiel, daß ein ganzes Volk die Notwendigkeit, für ein Großexperiment solidarisch zu haften, intuitiv erfaßte, war wohl das in seiner Art einzig darstehende Volksopfer nach dem Verlust des ersten erfolgreichen Zeppelin-Luftschiffes bei Echterdingen im Jahre 1908. Dem Großexperiment in der Wärmetechnik fehlt aber naturgemäß der Nimbus, der die Bestrebungen eines Grafen

Zeppelin umstrahlte. Dem Wesen nach liegen indes die Verhältnisse ähnlich. Wie rasch sich die Denkweise des Menschen ändert, zeigt übrigens auch der Umstand, daß es noch vor wenigen Jahren in weiten Kreisen als ein Zeichen besonderer geschäftlicher Klugheit galt, Erfahrungen und Fortschritte möglichst vor der Allgemeinheit zu verheimlichen, bis einige weiterblickende Leute zeigten, daß der umgekehrte Weg nicht selten der richtigere ist.

Ein sinnfälliges äußeres Zeichen der Folgen dieser Sinnesänderung gibt ein Vergleich der früheren, öden, nichtssagenden Propagandaschriften und Kataloge mit modernen oder ein Blick in die großenteils vorzüglichen Zeitschriften, die heute zahlreiche Firmen herausgeben. Dann setzten die Normalisierungsbestrebungen ein, zunächst nur innerhalb einer Firma. Bald darauf zeigte es sich aber, daß hier nicht Halt gemacht werden darf, sondern daß sie die Gesamtheit der Industrie eines Volkes umfassen müssen. Den großen Segen der Arbeiten der deutschen Normenkommission wird heute niemand mehr zu bezweifeln wagen.

Finden sich aber Hersteller und Verbraucher auf die angedeutete Weise zu verständnisvoller Gemeinschaftsarbeit zusammen, so ist kaum daran zu zweifeln, daß Höchstdruckdampfanlagen bald Wirklichkeit und unserer gesamten Volkswirtschaft zum Segen und Vorteil geraten werden.

Anhang: Erläuterungen.

Zum leichteren Verständnis des Buches sind hier einige kurze elementare Erläuterungen solcher Begriffe zusammengestellt, deren Kenntnis nicht allen Lesern geläufig sein dürfte.

1. Altern. Altern ist die allmähliche Veränderung der Festigkeitseigenschaften von Materialien (Metallen), die in kaltem Zustand über ihre Streckgrenze hinaus beansprucht wurden. Eisenblech z. B. kann also erst altern, wenn eine solche Beanspruchung vorausgegangen ist. Das Altern kann viele Monate hindurch dauern.

Für Untersuchungszwecke kann Eisenblech künstlich gealtert werden, indem man es nach der Überbeanspruchung auf etwa 200° C erwärmt[1]).

2. Arbeitsvermögen. Arbeitsvermögen ist diejenige mechanische Arbeit, welche zur Dehnung eines prismatischen Stabes, dessen Abmessungen durch Normen festgelegt sind, bis zum Eintritt des Bruches erforderlich ist. Sie wird auf die Kubikeinheit der ursprünglichen Stabmasse bezogen, ihre Dimension ist mkg/cm^3 [2]).

3. Entropie. Die Entropie ist ebenso wie Druck p, Volumen v, Temperatur T und Wärmeinhalt J eine Zustandsgröße eines Körpers, d. h. sie hat für ein und denselben Zustand einen ganz bestimmten Wert, gleichgültig, wie ein Körper in diesen Zustand gelangt.

Ähnlich wie die bei einem Arbeitsprozeß geleistete Arbeit im Druckvolumendiagramm (pv-Diagramm) als Fläche dargestellt werden kann, so kann dies im Temperatur-Entropiediagramm (TS - Diagramm) mit der während dieses Prozesses in Arbeit umgesetzten und der insgesamt aufgewendeten Wärme geschehen.

Die während einer kleinen Volumenänderung dv beim Druck p durch 1 kg eines Körpers geleistete mechanische Energie ist

$$dL = p \cdot dv \text{ mkg.}$$

Die hierbei erfolgte Änderung der Wärmeenergie dQ kann, wenn die Temperatur T betrug, ausgedrückt werden durch

$$dQ = T\,dS \text{ kcal.}$$

---

[1]) Goerens: Z. V. d. I. 1924, S. 42 u. 44.

[2]) Hütte 1923, S. 581.

Hierin ist dS die sehr kleine Änderung jener Bestimmungsgröße für die Wärmeenergie, die der Raumänderung dv der mechanischen Energie entspricht. Die Größe $dS = \frac{dQ}{T}$ wird Entropie genannt und kann für jeden Zustand eines Körpers errechnet werden. Der Begriff „Entropie" ist vorzugsweise deshalb auch für den Mann der Praxis so außerordentlich wertvoll, weil er gestattet, sehr schnell und übersichtlich die bei Arbeitsprozessen umgesetzten und verbrauchten Wärmemengen festzustellen und den Einfluß gewisser Änderungen in einem Kreisprozeß auf seinen Wirkungsgrad schnell zu überblicken. Isothermische Zustandsänderungen werden im TS-Diagramm durch eine Parallele zur Entropiachse, adiabatische Zustandsänderungen durch eine Parallele zur Temperaturachse wiedergegeben (siehe Abb. 109 u. 110) [1]).

4. **Kerbzähigkeit.** Kerbzähigkeit ist die mechanische Arbeit, die für die Biegung eines Stabes bis zum Eintritt des Bruches erforderlich ist. Der Stab muß bestimmte Abmessungen und an der Bruchstelle eine Kerbe haben, deren Abmessungen gleichfalls genau bekannt sein müssen. Stab- und Kerbabmessungen müssen ferner bei Vergleichsversuchen miteinander genau übereinstimmen, andernfalls können die Ergebnisse nicht ohne weiteres miteinander verglichen werden. Die mechanische Arbeit erfolgt durch ein Schlagwerk. Die Kerbzähigkeit wird bezogen auf die Flächeneinheit des ursprünglichen Stabquerschnittes an der Kerbstelle, ihre Dimension ist mkg/cm^2. Obgleich sie keine eindeutig bestimmte Größe ist, ist sie für die praktische Beurteilung von Baustoffen von hervorragender Bedeutung, weil sie Fehler eines Materiales und seine etwaige Mißhandlung während des gesamten Herstellungsprozesses bis zum fertigen Stück in ausgezeichneter Weise aufzudecken gestattet.

5. **Recken** ist eine über die Streckgrenze eines Stoffes hinaus gesteigerte Zugbeanspruchung. Nach erfolgtem Recken hat also ein Material eine gewisse bleibende Deformation erfahren.

6. **Streckgrenze** ist die Zugbeanspruchung, von welcher an eine besonders rasche, bleibende Dehnung (ein Strecken oder Fließen) eintritt [2]).

---

[1]) Schüle: Techn. Thermodynamik 1921, S. 130 ff., 488 ff.

[2]) Hütte 1923, S. 579.

Handbuch der Feuerungstechnik und des Dampfkesselbetriebes mit einem Anhang über allgemeine Wärmetechnik. Von Dr.-Ing. **Georg Herberg,** Vorstandsmitglied der Ingenieurgesellschaft für Wärmewirtschaft A.-G., Stuttgart. Dritte, verbesserte Auflage. Mit 62 Textabbildungen, 91 Zahlentafeln sowie 48 Rechnungsbeispielen. 1922.

Gebunden 11 Goldmark / Gebunden 2.65 Dollar

Dampfkesselfeuerungen zur Erzielung einer möglichst rauchfreien Verbrennung. Von **F. Haier.** Zweite Auflage im Auftrage des Vereins deutscher Ingenieure bearbeitet vom Verein für Feuerungsbetrieb und Rauchbekämpfung in Hamburg. Mit 375 Textfiguren, 29 Zahlentafeln und 10 lithographierten Tafeln. 1910. Gebunden 20 Goldmark / Gebunden 4.80 Dollar

---

Kohlenstaubfeuerungen. Bericht, dem Reichskohlenrat erstattet im Auftrage seines technisch-wirtschaftlichen Sachverständigen-Ausschusses für Brennstoffverwendung. Von **Hermann Bleibtreu,** Oberingenieur der Wärmezweigstelle Saar des Vereins Deutscher Eisenhüttenleute in Saarbrücken. Herausgegeben vom Reichskohlenrat. Mit 66 Textabbildungen. 1922.

Gebunden 8.40 Goldmark / Gebunden 2 Dollar

Die Grundgesetze der Wärmeleitung und des Wärmeüberganges. Ein Lehrbuch für Praxis und technische Forschung. Von Oberingenieur Dr.-Ing. **Heinrich Gröber.** Mit 78 Textfiguren. 1921.

9 Goldmark / 2.15 Dollar

Die Wärme-Übertragung. Auf Grund der neuesten Versuche für den praktischen Gebrauch zusammengestellt von Dipl.-Ing. **M. ten Bosch** in Zürich. Mit 46 Textabbildungen. 1922. 5 Goldmark / 1.20 Dollar

---

Die Grundgesetze der Wärmestrahlung und ihre Anwendung auf Dampfkessel mit Innenfeuerung. Von Ing. **M. Gerbel.** Mit 26 Textfiguren. 1917.

2.50 Goldmark / 0.60 Dollar

Die Abwärmeverwertung im Kraftmaschinenbetrieb mit besonderer Berücksichtigung der Zwischen- und Abdampfverwertung zu Heizzwecken. Eine wärmetechnische und wärmewirtschaftliche Studie. Von Dr.-Ing. **Ludwig Schneider.** Vierte, durchgesehene und erweiterte Auflage. Mit 180 Textabbildungen. 1923. Gebunden 10 Goldmark / Gebunden 2.40 Dollar

---

L. Schmitz, Die flüssigen Brennstoffe, ihre Gewinnung, Eigenschaften und Untersuchung. Dritte, neubearbeitete und erweiterte Auflage von Dipl.-Ing. Dr. **J. Follmann.** Mit 59 Abbildungen im Text. 1923.

Gebunden 7.50 Goldmark / Gebunden 1.80 Dollar

GPSR Compliance

The European Union's (EU) General Product Safety Regulation (GPSR) is a set of rules that requires consumer products to be safe and our obligations to ensure this.

If you have any concerns about our products, you can contact us on ProductSafety@springernature.com

In case Publisher is established outside the EU, the EU authorized representative is:

Springer Nature Customer Service Center GmbH
Europaplatz 3
69115 Heidelberg, Germany

Batch number: 10844675

Printed by Printforce, the Netherlands